AF474647

GUIDE RAISONNÉ

DE

LA FABRICATION DE LA BIÈRE

COMPLÉMENT

DU GUIDE PRATIQUE

PAR

J.-B. BAUBY ET A. FOURNIER.

DEUXIÈME ÉDITION.

STRASBOURG

TYPOGRAPHIE DE F.-H. LE ROUX

RUE DES HALLEBARDES, 34.

1868

Pour l'Ouvrage et les renseignements, s'adresser à

M. J.-B. BAUBY

NÉGOCIANT EN HOUBLONS

A STRASBOURG

19, faubourg de Saverne.

---

	f	c
Guide pratique de la fabrication de la Bière, des mêmes Auteurs: 1 vol. in-4°, broché	6	»
Relié	7	25

GUIDE RAISONNÉ

DE

LA FABRICATION DE LA BIÈRE

Nous avons mis, Fournier et moi, tout notre soin à la composition de cet Ouvrage, et nous sommes convaincus que nos lecteurs, en l'étudiant, éprouveront un intérêt au moins égal, sinon supérieur, à celui qu'ils ont éprouvé à la lecture du premier.

Nous n'avons pas hésité à faire le sacrifice de notre temps, de nos veilles, et souvent de nos intérêts, pour mener cette œuvre à bonne fin, espérant qu'il nous en sera tenu compte.

Nous continuerons, comme précédemment, à recevoir, avec plaisir, les observations que l'on voudra bien nous adresser, nous faisant une règle et un devoir d'y répondre immédiatement.

INTRODUCTION.

En publiant le *Guide pratique de la fabrication de la Bière*, mon but était de donner simplement les principes, tout à fait pratiques, d'une bonne fabrication et, spécialement, de celle qui se fait en Allemagne et en Alsace.

Mon plus grand désir était de rendre quelques services à la brasserie, et les lettres flatteuses, qui me sont venues de toutes parts, m'ont prouvé que cet Ouvrage n'avait point été inutile.

Mais messieurs les Brasseurs eux-mêmes, tout en suivant avec succès le travail pratique du *Guide*, ont bien voulu me demander de compléter mes théories, par des explications raisonnées, sur les différents genres de fabrication; ils m'ont ainsi suggéré la pensée de publier un nouvel Ouvrage, recueil fidèle de ma nombreuse correspondance avec eux.

Cet Ouvrage, intitulé : **Guide raisonné de la fabrication de la Bière,** est le complément, le corollaire du *Guide pratique,* qu'il suit chapitre par chapitre, en expliquant le pourquoi des méthodes qui y sont indiquées, c'est-à-dire :

Le pourquoi de la nécessité d'un grain bien trempé et germé suffisamment long;

Le pourquoi du bon développement de la diastase au germoir, à la touraille et dans les trempes;

Le pourquoi de l'élimination des matières albumineuses, dans le travail de la cuisson du moût;

Le pourquoi de la lente formation du gaz carbonique et de l'alcool, et, par suite, de la nécessité de ralentir les fermentations.

CHAPITRE PREMIER.

EXPLICATIONS COMPLÉMENTAIRES

SUR L'EAU, LA TREMPE DE L'ORGE ET LA GERMINATION.

Bien que les principes donnés dans le *Guide pratique* pour la trempe et la germination de l'orge soient absolus, plusieurs observations m'ayant été faites à ce sujet, j'ai dû, pour y répondre, entrer dans des détails que ne comportait pas le précédent ouvrage entièrement pratique.

Je résume dans ce chapitre ce qui concerne *l'eau, la trempe du grain* et *la germination.*

De l'Eau.

Je ne répèterai pas ce que j'ai dit (*Guide prat.,* p. 9 et 28), je me bornerai à rappeler que l'eau employée à la fabrication de la bière doit être *incolore*, *sans goût particulier et libre de toutes matières organiques.*

Il est donc de toute nécessité de modifier, par tous les moyens possibles, les eaux qui n'auraient pas ces qualités.

Une eau *dure* cuit difficilement les légumes et produit les mêmes effets dans la cuisson du moût, d'où il suit qu'avec une telle eau, il n'est pas possible d'obtenir du grain toute la matière sucrée qu'il contient; pour acquérir un degré saccharimétrique convenable, le brasseur, dans ce cas, serait obligé d'employer une plus grande quantité de malt; de là, perte pour lui.

Il faut donc, avant tout travail, *adoucir* cette eau. On obtient ce résultat en lui faisant subir une ébullition préparatoire; le gaz carbonique qu'elle contenait s'évapore, et les matières calcaires, qu'elle tenait en dissolution, se précipitent au fond de la chaudière.

Je dois faire connaître un autre moyen facile pour adoucir l'eau destinée à la fabrication.

Il consiste, alors que la salade à froid est terminée, et que l'eau de la chaudière est en ébullition, à prendre, dans la cuve-matière, trois à quatre seaux du bouillon de la salade, que l'on jette dans la chaudière où on laisse bouillir pendant une demi-heure environ.

La raison de ce procédé est facile à comprendre.

Le bouillon de la salade, faite à froid, contient les parties du malt solubles dans l'eau froide, particulièrement l'albumine, qui a la propriété de se coaguler à une température élevée.

Or, en se coagulant dans la chaudière, cet élément enveloppe les matières calcaires qui s'y trouvent en suspension, les rend insolubles, et, par conséquent, entièrement neutres dans la fabrication.

J'aurai plus tard, lors de la réunion des trempes en chaudière, occasion de revenir sur ce procédé, que, pour le même motif, je recommande d'employer à ce moment de la fabrication, pour réunir les matières troubles du moût et en débarrasser le liquide.

L'eau chargée de *matières organiques* n'est jamais d'une limpidité parfaite et a toujours mauvais goût; elle est impropre à la fabrication, en rendant difficile en chaudière la séparation des matières neutres et par suite la clarification (le tranché); et si, par des moyens artificiels (lichen, gélatine, etc.) ou par une longue cuisson, on arrive à obtenir à peu près ce résultat, on ne doit pas compter cependant sur la durée d'une bière fabriquée dans ces conditions. Une telle eau ne peut donc être employée à la fabrication des bières de conserve, car, malgré tout le soin donné au travail, on n'obtiendrait jamais une bière de bonne conservation.

Pour améliorer l'eau chargée de matières organiques, le filtrage au charbon serait le meilleur moyen; mais il n'est pas toujours facile de le pratiquer. On peut obtenir à peu près le même résultat (*Guide prat.*, p. 29), en jetant en chaudière, au moment de l'ébullition, 25 grammes d'alun par hectolitre d'eau; les matières organiques et les sels nuisibles se précipitent promptement. 500 grammes de sel de cuisine par 10 hectolitres d'eau, employés dans les mêmes conditions, atténuent également la mauvaise qualité de l'eau.

Les matières pernicieuses une fois précipitées, il serait convenable de décanter l'eau, qui peut alors être employée à la fabrication avec moins de chances d'insuccès.

Malgré tous ces soins, il faut éviter la fabrication des bières de conserve avec cette eau.

Il arrive parfois que des eaux de puits, excellentes, jusque-là, pour la fabrication, perdent leurs qualités par suite d'infiltrations, dans le puits, de matières organiques. Un puits creusé dans les environs suffit pour amener cette perturbation à laquelle cependant il est presque toujours possible de remédier; il faut, pour cela, donner au puits une plus grande profondeur, afin de rétablir le niveau. D'autres fois, ainsi que j'ai pu le remarquer récemment à Strasbourg, c'est une rivière que l'on creuse pour la canaliser; le niveau n'existant plus entre le fond du puits et celui de la rivière, celle-ci absorbe les eaux saines du puits qui se remplit souvent par des eaux d'infiltration fortement chargées de matières organiques. Dans le cas présent, l'eau de la brasserie qui avait été bonne jusque-là, devint tout à coup impropre à la fabrication, par suite de l'abaissement du fond de la rivière; la coagulation en chaudière, après la réunion des trempes, ne se fit plus, la bière se conserva difficilement et prit un goût de levure. Cet insuccès n'avait d'autre cause que la différence de niveaux. On fit reforer le puits de 4 mètres pour rétablir l'équilibre primitif entre la rivière et le puits, et aussitôt les causes d'insuccès disparurent, et l'eau redevint ce qu'elle était auparavant.

L'eau de puits contenant des matières organiques se reconnaît en ce que sa température est toujours plus élevée que celle des eaux saines. En effet, l'eau saine de puits a une température constante de 10 à 12° C. environ. Si cette température s'élève, on peut préjuger la présence de matières organiques.

Ainsi, dans le cas précédent, l'eau, de 10° C. qu'elle avait constamment, était montée à 16° C., et aujourd'hui elle est revenue à 10° C.

D'où il suit qu'il est urgent pour le brasseur de se rendre souvent compte de la température de l'eau du puits qu'il emploie, afin d'en suivre les variations et d'arrêter, dès le début, les funestes effets dont elle pourrait être la cause.

Du Choix et de la Trempe de l'Orge.

Le choix du grain à employer pour la fabrication de la bière n'est pas indifférent; il doit être fait avec le plus grand soin (*Guide prat.*, p. 8).

Il importe surtout de ne pas fixer exclusivement son choix sur les orges d'une seule contrée, car telle région qui, l'année précédente, aura donné une excellente récolte, pourra bien, l'année suivante, ne donner que des produits ordinaires et même médiocres.

Le choix doit donc se faire sans précipitation, après avoir acquis les renseignements sur les crûs dont les produits sont les meilleurs; c'est le seul moyen d'avoir toujours de très-bonnes orges, récoltées dans les meilleures conditions de maturité, germant bien et donnant une bonne fabrication.

On peut déjà, à certains signes *extérieurs*, apprécier la valeur de l'orge.

L'orge saine est ronde, ferme, et a une jolie couleur légèrement dorée, et un peu plus foncée vers l'embryon. Au contraire, si, vers ce même endroit, il se fait remarquer une tâche grise ou noirâtre, c'est l'indice que le grain aura été fortement mouillé et échauffé; on doit le rejeter comme impropre à la germination. Quelquefois, au lieu de cette belle couleur dont je viens de parler, l'orge a une couleur d'un blanc mat, sans brillant; c'est qu'elle a été frappée par un soleil trop vif ou cueillie avant sa maturité. Dans ce cas, elle est maigre, et, quoique poussant assez bien au germoir, elle ne donne qu'une très-faible quantité de sucre.

Le grain que l'on achète doit être bien nettoyé, ne contenir ni pierres ni graines étrangères; c'est là souvent la cause d'un déchet considérable augmentant le prix de revient, tout en nuisant à la qualité. On ne doit donc pas hésiter à payer quelque chose de plus par quintal pour avoir de l'orge aussi belle que possible. Il serait bon même, quand un marché doit être considérable, d'en faire germer quelques sacs, afin de se fixer sur la valeur de la marchandise, et de ne traiter qu'avec la certitude de l'avoir bonne.

Comme orges de premier choix, je citerai particulièrement

celles d'Espagne et de Hongrie; j'en attribue la qualité supérieure à la nature du sol qui n'est pas sans avoir une grande influence. Ainsi, les orges récoltées dans des terrains forts, mais sans engrais exagéré, seront toujours de bonne qualité, si la récolte, toutefois, s'est faite dans de bonnes conditions de température.

La trempe *intermittente* de l'orge dans la cuve à tremper (*Guide prat.*, p. 10 et suiv.) a été suivie, depuis que je l'ai indiquée, par un grand nombre de brasseurs qui tous en ont obtenu les meilleurs résultats. L'un d'eux m'écrit avoir trempé, par ce procédé, de l'orge abandonnée depuis plus de deux ans comme impropre à la germination, et le succès a été tel, dit-il, qu'il a dépassé ses espérances et que jamais il n'a obtenu une meilleure germination.

Ce résultat suffirait seul à justifier toute l'importance que j'ai mise à recommander ce système.

D'anciens praticiens même, qui d'abord n'avaient accepté ce genre de travail qu'avec le sourire de l'incrédulité, étonnés des merveilleux résultats obtenus par leurs confrères, durent se rendre à l'évidence et se décider à suivre ma méthode dont ils sont aujourd'hui les plus zélés propagateurs.

J'insiste donc de nouveau sur ce travail important, engageant les malteurs à le pratiquer sérieusement, afin d'assurer par là le succès de leur germination.

Je dis (*Guide prat.*, p. 10) qu'il faut laisser l'orge à sec dans la cuve à tremper pendant une heure à une heure et demie environ, chaque fois que l'on change l'eau; j'ajoute, aujourd'hui, que cette intermittence peut durer deux heures et même trois heures, et que le résultat n'en sera que meilleur.

Le brasseur pourra remarquer, à l'écoulement des eaux de la cuve, combien elles sont plus colorées que dans la manière ordinaire de tremper l'orge; cela vient de ce que la dissolution de la matière saumâtre provenant de la peau du grain est plus complète.

Or, obtenir une dissolution plus grande de cette matière, c'est avoir la certitude que le grain est mieux pénétré par l'air et par l'eau ; c'est déjà aussi avoir une garantie de plus pour une bonne fabrication, n'ayant plus à craindre dans la bière ces matières âcres qui toujours nuisent à son bon goût quand elles ne sont pas la cause de sa décomposition.

L'orge, ainsi trempée, en se pénétrant mieux de l'humidité, absorbe, comme je viens de le dire, une quantité d'air suffisante qui, plus tard, donnera au germoir toutes les facilités possibles pour obtenir une bonne germination.

De la Germination.

Je n'aurais rien à ajouter aux principes que j'ai donnés *(Guide prat.*, p. 8 à 19) pour obtenir une bonne germination; mais ce sujet est si important, puisque c'est le travail capital du brasseur, que j'ai cru devoir entrer dans des détails plus étendus, non pour la manière de travailler le grain, ce travail étant suffisamment expliqué, mais pour mieux en faire comprendre l'importance.

Ces explications, aussi bien que celles qui précèdent et celles qui suivront, m'ont été suggérées par la nombreuse correspondance venue de tous les points de la France, dans laquelle, tout en me remerciant des principes clairs et précis donnés dans le *Guide pratique*, Messieurs les brasseurs sont venus me demander de plus grands développements sur ma théorie.

Le grain d'orge contient plusieurs parties distinctes; mais il en est que le brasseur doit connaître afin de se rendre un compte exact dans son travail :

1° L'*écorce* qui lui sert d'enveloppe;

2° L'*amande*, ou partie farineuse, d'une belle couleur blanc-argent;

3° Une partie *albumineuse* et *glutineuse* entre l'amande et l'écorce, mais en plus grande quantité vers l'embryon;

4° La *diastase,* corps connu depuis peu de temps et visible seulement au microscope. Elle a son siége également vers l'embryon, à l'endroit où la tige et les racines doivent prendre naissance. Elle se présente sous forme de petites tâches grisâtres.

L'*écorce,* nous l'avons vu dans la trempe de l'orge (*Guide prat.*, p. 10) perd, par un lavage bien fait, ses propriétés malfaisantes, insalubres et nuisibles à la fabrication. Son rôle reste presque neutre dans la fabrication de la bière.

L'*amande,* ou partie farineuse, se convertit en amidon dans les trempes du grain. Cet amidon au germoir, formera déjà une certaine quantité de sucre, sous l'empire de la diastase; cette transformation augmentera considérablement à la touraille, et se terminera dans les trempes en cuve-matière.

La *diastase,* ce corps microscopique, est la matière qui, dans la germination, le touraillage et les trempes préparatoires, doit jouer le rôle le plus important. Son développement commence déjà dans la cuve à tremper sous l'influence de l'humidité, mais c'est au germoir qu'elle prend tout son développement et toute sa force.

Les *matières glutineuses et albumineuses* dont le siége se trouve surtout vers l'embryon servent en partie à la formation des radicules.

L'orge, après être restée pendant trois à quatre jours dans la cuve à tremper, est transportée au germoir. C'est là qu'elle va commencer à subir les transformations nécessaires à la formation du sucre et de la gomme dextrine.

On l'y étend en couches de 10 à 12 centimètres le premier jour, que l'on ramène graduellement à 7 et 5 centimètres du lendemain au surlendemain.

Si l'on veut bien suivre toutes les phases du travail qui va se produire, on comprendra la nécessité et l'importance des soins que je recommande d'y apporter pour le mener à bonne fin.

L'orge étendue au germoir commence bientôt les décompositions nécessaires pour produire les aliments utiles aux racines d'un côté, et à la plumule, de l'autre. — Les parties albumineuses et glutineuses se séparent de l'amidon, et bientôt, à l'extrémité du grain, du côté qui l'attache à l'épi, se fait voir un point blanc qui doit donner naissance aux radicules. C'est alors que l'on dit : «L'orge commence à piquer;» on ne tarde pas, quelque temps après, à voir les racines se former et s'étendre. — La plumule, partant du même point que les radicules, suit une marche entièrement opposée. Au lieu de briser immédiatement son enveloppe, comme l'ont fait les racines, elle rampe sous l'écorce pendant 7 à 9 jours, et ce n'est qu'après avoir acquis déjà une certaine force qu'elle la rompt pour s'élancer dans l'air. Dans les quatre ou six premiers jours, suivant la température du germoir, sa marche sous l'écorce est d'abord très-lente : mais après le cinquième ou le sixième jour, elle avance avec une telle rapidité que son développement est presque sensible à l'œil.

C'est pendant cette marche, lente d'abord, puis rapide de la plumule, que la diastase prend le développement qui lui est nécessaire, et déjà elle opère sur une partie de l'amidon qu'elle transforme en sucre et en gomme dextrine à mesure que grandit la plumule qu'elle suit dans sa progression.

Ce sucre formé par la diastase à mesure de son développement, doit pourvoir à la nourriture de la tige, de même que les parties glutineuses et albumineuses ont pourvu à celle des racines, en attendant qu'elles puissent trouver dans la terre leur nourriture commune.

Aussi est-ce bien pour empêcher l'absorption du sucre par la plumule que je recommande d'arrêter celle-ci lorsqu'elle a atteint les trois quarts de la longueur du grain, *mais jamais auparavant.*

Il n'est pas nécessaire, comme on le croit trop généralement encore, de laisser prendre aux radicules une longueur de trois à quatre fois celle du grain. Ce ne sont pas ces radicules qui doivent guider le malteur dans le travail de la germination, mais bien les progrès que fait la plumule; c'est elle qu'il faut surveiller avec le plus grand soin, en lui faisant suivre une marche lente, mais régulière.

Aussi est-ce bien pour obtenir ces résultats que j'ai recommandé (*Guide prat.*, p. 13) d'avoir des germoirs d'une température de 10° à 15° C., afin d'avoir une germination lente.

A une température plus chaude, la plumule avance trop rapidement, les radicules s'élancent trop vite en longs filets, laissant dans le grain trop de matières glutineuses et albumineuses qui devaient servir à leur nourriture, sans donner à la diastase le temps nécessaire à son développement, et à son action sur l'amidon pour la transformation en sucre et en gomme dextrine.

Connaissant les causes et les effets de cette germination, les malteurs et les brasseurs comprendront pourquoi j'ai tant insisté, et j'insiste encore aujourd'hui, sur la nécessité d'avoir une germination lente.

Pour cela il faut retourner souvent la couche, afin de livrer un passage à l'air qui nous seconde dans ce ralentissement, en maintenant dans la couche, avec le froid, une température égale, afin que la plumule progresse lentement mais régulièrement, *en sorte que le travail de la végétation soit en rapport avec celui de la diastase.*

Il arrive, cependant, un moment où il faut arrêter la marche rapide de la plumule. C'est ordinairement vers le septième ou le neuvième jour de germoir, et alors que la plumule a atteint les trois quarts de la longueur du grain. J'ai indiqué (*Guide prat.*, p. 17) les moyens à employer pour arrêter la germination.

La *diastase* jusqu'ici, *tout en se développant,* n'a transformé qu'une légère partie d'amidon en sucre et en gomme dextrine; ce n'est que sur la touraille, ainsi que je le dirai plus loin, qu'elle opère la plus grande transformation, pour l'achever plus tard dans la cuve-matière pendant les trempes.

On m'a quelquefois objecté que le long séjour de l'orge au germoir avait pour résultat de donner aux radicules un développement trop considérable, et, par suite, un trop grand déchet. C'est une erreur que je ne cesserai de combattre, et que je crois avoir suffisamment démontrée.

Le brasseur doit s'occuper, avant tout et surtout, de la marche lente et régulière de la plumule, jusqu'à ce qu'elle ait atteint les trois quarts de la longueur du grain; parce que de la formation progressive de la plumule dépend, sous l'empire de la diastase, la formation du sucre et de la gomme dextrine.

D'ailleurs, en suivant la méthode indiquée (*Guide prat.*, p. 12 à 19), le développement excessif des radicules n'est pas à craindre.

Ce qu'il y a à craindre, c'est que tout l'amidon contenu dans le grain ne se transforme pas en sucre, et, qu'après la réunion des trempes, il n'en reste en chaudière une certaine quantité non transformée; car cet amidon devenu insoluble et, n'ayant pas, comme les parties albumineuses, la faculté de se coaguler, ne permet pas au moût de s'éclaircir pendant la cuisson. Ce trouble persiste jusqu'après la fermentation. En effet, le brasseur n'ignore pas que toute bière qui ne s'éclaircit pas en chaudière après deux heures de cuisson, ne se clarifiera pas plus tard, et ne pourra se conserver : mais ce qu'il ne sait pas souvent, ce sont les causes d'insuccès que je viens de citer.

De ces principes on peut tirer cette conclusion presque absolue : Mauvaise germination, mauvais rendement et mauvaise bière; donc, avec une bonne germination, bon développement de la plumule et de la diastase, et par conséquent riche transformation de l'amidon en sucre au germoir, à la touraille et à la cuve-matière dans les trempes préparatoires.

C'est une économie et une certitude de bons résultats pour les brasseurs.

Jusqu'ici, l'orge n'est que du grain germé, elle ne deviendra réellement *malt* que par le travail de la touraille.

C'est le sujet du chapitre suivant.

CHAPITRE II.

TOURAILLAGE.

Je ne répéterai pas ce que j'ai dit de la construction des tourailles. Les détails que j'en ai donnés (*Guide prat.*, p. 19 à 24) me paraissent suffisamment explicites.

Cependant l'importance du sujet et la nécessité, pour les brasseurs, d'avoir une bonne touraille, me font un devoir de donner dans cet ouvrage un plan, avec la description détaillée de celle construite à la brasserie de l'Éléphant à Strasbourg (planches *D, E, F*).

La simplicité de construction de cette touraille, le peu de dépenses qu'elle exige, aussi bien que la facilité de l'établir dans un local relativement petit, tout me la fait recommander au malteur et au brasseur.

En effet, un foyer en maçonnerie ou en fonte *enveloppé d'une cheminée, séparée du foyer* par un intervalle de 25 à 30 centimètres; une bouche, pour l'introduction de l'air froid, placée sous le cendrier avec des issues autour du foyer extérieur *dans la cheminée principale;* un, deux ou trois plateaux à chambres de chaleur fermées ; une cheminée d'aspiration surmontant la dernière chambre de chaleur, voilà la touraille.

Je rappelle que le foyer de la touraille doit toujours se trouver à une distance de 6 à 8 mètres, au moins, du plateau inférieur, et cela pour permettre aux courants d'air froid et d'air chaud de se combiner parfaitement avant d'arriver dans la chambre de chaleur, et obtenir une température facile à régler. Or, cette distance du foyer au premier plateau de la touraille paraissait impossible dans les établissements où l'élévation, entre le sol et le premier plancher, dépasse rarement trois mètres.

Cependant, avec le mode de construction que j'indique ici, rien n'est plus facile. En effet, il suffit, à une hauteur de 40 à 50 centimètres au-dessus du foyer, de courber la cheminée, et de lui faire prendre, sur un plan fortement incliné, tout le développement dont on a besoin, mais de façon à avoir 6 à 8 mètres, au moins, du foyer au plateau de la touraille. (Voyez planches *D, E, F.*)

L'orge germée, ai-je dit, (*Guide prat.*, p. 24 et suivantes) *doit être transportée immédiatement du germoir à la touraille, afin :*

1° *D'arrêter tout le travail de la germination ;*

2° *De continuer, sans interruption, la formation du sucre qui a commencé à se produire avec le développement de la plumule ;*

3° *D'enlever l'humidité que le grain a puisée dans la cuve à tremper, et qu'il a conservée, en partie, dans la germination.*

1° L'orge doit être portée de suite du germoir à la touraille pour arrêter tout travail de germination.

Je dois combattre ici la funeste opinion, existant encore chez un grand nombre de brasseurs, à savoir : d'étendre, sur des greniers d'aérage, l'orge à la sortie du germoir. Ce système est mauvais toujours et en toute saison.

En *hiver*, l'amidon gèle et, en gelant, il ne forme plus dans le grain qu'un corps pâteux, que le touraillage fera durcir, et rendra impropre à la saccharification, partant, à la fabrication; car il n'est pas possible, malgré l'attention la plus grande et les soins les plus minutieux, de l'empêcher de vitrer.

Mais, par impossible, admettons que, par une chaleur lente et douce, l'on ait pu ramener le grain à l'état qu'il avait au sortir du germoir, que de soins, que de précautions n'aura-t-il pas fallu à l'ouvrier, chargé de la touraille, dans la conduite du feu! Eh bien! malgré cette attention, ces soins, cette précaution, il ne pourra pas faire que l'orge ne soit irrégulièrement séchée, parce que les grains, suivant la position qu'ils auront occupée sur le grenier d'aérage, auront été plus ou moins atteints par la gelée, par conséquent plus ou moins longs à dégeler, et, par suite, plus ou moins bien séchés.

C'est donc toujours un mauvais travail, donnant un mauvais malt, et, presque toujours, une pénible et mauvaise fabrication.

En *été,* par des causes tout à fait opposées, nous nous trouvons en présence d'effets non moins désastreux. Nous verrons, il est vrai, les radicules se flétrir promptement, le développement de la plumule s'arrêter bientôt; mais nous verrons aussi l'écorce, saisie par la chaleur, se durcir et empêcher la vaporisation que doit produire l'humidité intérieure du grain. Sous l'influence de cette humidité concentrée, l'amidon se forme également en pâte, durcit à la touraille, et ne donne rien à la saccharification.

Si nous prenons les *saisons intermédiaires,* où il n'y a presque plus de froid, mais où il n'y a pas encore de grande chaleur, nous nous trouverons en présence d'un mal non moins grand et non moins funeste à la brasserie, je veux parler de la moisissure. Si elle ne fait pas perdre à l'orge les propriétés de saccharification, elle détermine le développement des acides lactique et putride et communique à la bière un goût de pourri qui la fait rejeter par les consommateurs.

Que conclure de là? qu'il faut, pour éviter ces funestes effets, porter immédiatement l'orge, suffisamment germée, du germoir à la touraille.

En présence de résultats si mauvais, je crois inutile de relever l'objection d'économie qui m'a été faite; les magnifiques résultats que l'on obtient sur la touraille compensent largement la légère dépense de combustible.

Une autre objection, au premier abord beaucoup plus sérieuse, mais toute aussi spécieuse, m'a également été adressée; c'est celle d'une touraille insuffisante.

Une touraille, en effet, doit avoir une superficie d'une étendue triple environ de celle du germoir, et peu de brasseries se trouvent dans ces conditions. Depuis quelques années cependant un certain nombre de brasseurs, convaincus de la nécessité de cet agrandissement, n'ont pas hésité à le faire, persuadés de résultats meilleurs devant largement compenser les dépenses, relativement peu importantes, que leur imposait ce changement.

Je n'ai pas d'autre conseil à donner, à ceux qui m'ont fait l'objection, que de leur dire : Agrandissez votre touraille! C'est toujours facile. S'il n'est pas toujours possible de lui donner toute l'étendue qu'on voudrait avoir, avec un seul plateau, il sera toujours aisé de superposer un ou deux plateaux à celui déjà existant; de cette façon on obtient une touraille double ou triple de celle que l'on a, et qui doit être suffisante pour sécher en une seule fois le produit du germoir. Voir (*Guide prat.*, p. 20 à 23) les plans que j'ai donnés de ce genre de touraille, avec la description et la manière de s'en servir.

2° De continuer la formation du sucre, qui a commencé à se produire avec le développement de la plumule.

Pendant la germination, la transformation de l'amidon en sucre et en gomme dextrine n'a fait que de bien faibles progrès. La diastase, occupée de sa propre formation, n'a pu agir, jusque-là, que faiblement sur l'amidon qu'elle doit transformer. Mais c'est à la touraille que son action acquiert toute sa puissance. C'est là que, sous l'empire d'une chaleur douce, combinée avec l'humidité que l'orge renferme encore, elle agit dans toute sa force et développe toute son action, en changeant en sucre et en gomme dextrine presque tout l'amidon contenu dans le grain.

Cette transformation n'a lieu, cependant, que dans la première période du touraillage, c'est-à-dire, pendant tout le temps que le grain conserve de l'humidité et que la température ne dépasse pas 60° C. A cette température, l'action de la diastase commence à diminuer, pour s'endormir complétement après 70° C., et cesser son action, qu'elle reprendra plus tard, dans la cuve-matière, pour transformer le reste de l'amidon en sucre et en gomme dextrine.

Avec le mode de construction de touraille indiqué (*Guide prat.*, p. 19 à 24), il est facile de modérer la chaleur pendant les premières heures du touraillage, par l'introduction de l'air froid qui se combine avec l'air chaud dont il abaisse la température, de façon à n'avoir que 30° C. pendant la première heure, 35° C. pendant la seconde. C'est à cette douce et humide température que la diastase, je le répète, agit avec toute son énergie transformatrice.

Ces degrés de température sont aussi les plus favorables pour opérer l'évaporation de l'humidité que contient l'orge germée, surtout si la touraille est surmontée d'une bonne cheminée d'appel. Avec une température plus élevée dès le début, il y aurait fort à craindre de brûler le grain ou, tout au moins, de le rendre vitreux.

3° D'enlever au grain l'humidité qu'il a puisée dans la cuve à tremper, et qui s'est maintenue, en partie, dans la germination.

C'est cette nécessité d'enlever promptement l'humidité de l'orge, et d'arrêter la germination, qui oblige de la transporter immédiatement du germoir sur la touraille.

Une chaleur douce, tout en séchant le grain suffisamment, développe l'action de la diastase sur l'amidon; une chaleur trop élevée a pour effet surtout d'arrêter l'action de la diastase et de vitrer le grain.

En effet, j'ai dit plus haut qu'à 70° C. les effets de la diastase sur l'amidon sont annihilés; d'où il suit que, si l'on pousse le feu dès le début avec une trop grande activité, de manière à atteindre une température de 70° C., on fait perdre à la diastase sa puissance transformatrice, dès lors l'amidon durcit dans l'enveloppe du grain et devient insoluble dans l'eau, par conséquent inutile, sinon nuisible à la fabrication.

C'est pourquoi je demande une chaleur douce : 30° C. la première heure, 35° C. la seconde, 40° C. la troisième; à partir de là on peut laisser le degré de température s'élever de 5° C. de demi-heure en demi-heure, jusqu'à 60° C. 70° C.

A cette température, obtenue progressivement, toute l'humidité ayant disparu, la diastase ayant cessé momentanément son action, on peut élever davantage la chaleur sans craindre les accidents plus haut indiqués.

Ainsi donc, dès le début, chaleur douce, jusqu'à ce que le grain ne donne plus de vapeurs; élévation de la température alors, mais graduellement, jusqu'à complète dessiccation de l'orge, ce que l'on reconnaît à sa friabilité.

CHAPITRE III.

BRASSAGE.

Salade.

J'ai recommandé (*Guide prat.*, p. 29), *quel que soit le mode de travail employé pour les trempes,* de faire toujours, *à l'eau froide,* cette trempe préparatoire destinée à humecter le malt concassé, et généralement nommée *salade.*

J'indiquais seulement alors les motifs pratiques de cette partie du travail, voulant éviter tout détail qui aurait pu apporter de l'obscurité dans le sujet que je traitais, et que je tenais à laisser entièrement dégagé de tous développements théoriques.

J'ai reçu un grand nombre d'observations relatives à cette manière absolue *de faire, à froid,* la trempe du malt concassé, je veux dire *la salade.* C'est des départements du Nord, surtout, où l'on est dans l'habitude de faire cette préparation à des degrés assez élevés (30°, 35°, 40° C.), que me sont parvenues les réflexions les plus nombreuses.

Mais, en publiant le *Guide pratique*, publication dans laquelle m'a si puissamment aidé mon ami et associé M. Fournier, en mettant en ordre toutes mes observations et en y joignant les siennes, nous avons eu pour but de communiquer, à la brasserie française, les meilleures méthodes de fabrication employées en Allemagne.

C'est de là que venait la concurrence; c'est donc là qu'il fallait aller chercher les éléments pour la combattre.

Aussi, émus pour nos nombreux amis de l'intérieur, dont nous craignions, sinon la ruine, tout au moins un repos forcé toujours désastreux, nous n'avons pas hésité un instant à faire le sacrifice de certains intérêts, afin de les initier à la connaissance des principes de fabrication allemande et alsacienne.

Nous avons la satisfaction d'avoir été compris par un grand nombre de brasseurs, qui n'ont pas craint de suivre nos indications, et beaucoup, déjà, ont recueilli (ce dont nous les félicitons) la récompense due à leur initiative, en rejetant de chez eux la concurrence étrangère, comme l'Alsace avait repoussé celle de l'Allemagne en lui prenant ses méthodes, et, nous pouvons le dire, en les perfectionnant.

J'insiste donc sur ce point, que la *salade doit se faire à froid*, ou, tout au moins, à une température de quelques degrés inférieure à celle du malt concassé. Pour reconnaître cette température, il suffit de laisser un thermomètre, quelques instants, dans un des sacs du malt que l'on doit employer.

Mais je préfère de beaucoup, parce que cela est plus rationnel, la salade à froid; il n'en est pas fait d'autre en Allemagne ni en Alsace.

En voici le motif :

J'ai dit, en parlant du touraillage, le rôle que jouait la diastase; j'ai dit aussi, qu'arrivée à une température de 70° C., cette diastase perdait momentanément son action transformatrice, pour la reprendre plus tard en cuve-matière.

Or, c'est précisément par la salade faite à froid que nous ramenons les éléments nécessaires, pour permettre à la diastase d'accomplir le phénomène qu'elle avait commencé au germoir et à la touraille, en transformant l'amidon en sucre et en gomme dextrine.

Avec l'eau froide, le malt concassé est mieux mouillé et ne produit pas de grumeaux. Malgré cela, la température ne tarde pas à s'élever; la diastase, engourdie à la touraille par l'excès de chaleur, se réveille sous l'influence de cette douce et humide température, et reprend sa nouvelle énergie qu'elle va développer, avec toute sa force, dans les trempes suivantes, surtout, si, après le mouillage complet de la farine, on a eu soin de laisser à la salade une heure de repos. Avec de l'eau à une température plus élevée, il ne serait pas possible de donner à la salade ce repos si nécessaire; il y aurait à craindre, en été surtout, la formation de l'acide lactique.

La *salade* n'a donc pas pour *unique but* de mouiller le grain, elle a celui, *surtout,* de rendre à la diastase ses propriétés de transformer l'amidon en sucre et en gomme dextrine. C'est là, avant toute chose, ce que doit voir le brasseur.

J'ai fait connaître (*Guide prat.,* p. 40) toute ma préférence pour la fabrication de la bière à malt (moût) trouble, et je ne puis que confirmer ce que j'ai dit à ce sujet.

Je dois cependant, à mes lecteurs, l'explication de cette préférence. Je vais tâcher de la leur donner avec toute la clarté possible, en leur faisant voir la différence notable existant entre la fabrication à malt (moût) clair, et celle à malt (moût) trouble.

Dans la fabrication à malt clair, dès la première trempe, la température de la masse en cuve-matière, est élevée de 62° à 65° C., quand presque toute l'eau de la chaudière y est descendue.

Cette température élevée, à laquelle on est arrivé rapidement, ne fait qu'affaiblir plutôt que favoriser l'action de la diastase sur l'amidon non encore transformé en sucre et en gomme dextrine; et l'heure de repos donnée à la trempe, après le vaguage, est insuffisante pour compléter cette transformation. De là, des parties d'amidon non saccharifiées, et qui, plus tard, rendent difficile le tranché en chaudière.

Dans le travail à malt trouble, au contraire, un tiers environ de l'eau de la chaudière est descendu dans la cuve-matière, de manière à n'élever la masse qu'à la température de 32° à 38° C., température favorable au développement de la diastase.

Après le vaguage, une partie du moût est remontée en chaudière pour y être mise en ébullition, laquelle dure environ vingt minutes.

Il est vrai de dire que la diastase, contenue dans cette partie du moût remontée en chaudière, perd, à une si haute température, toutes ses propriétés de saccharification; mais, lorsque l'on saura que la puissance de la diastase est telle, qu'une de ses parties transforme deux mille parties d'amidon en sucre et en gomme dextrine, on comprendra facilement que la partie de malt restée en cuve-matière, conserve encore assez, et bien au-delà, de diastase pour rendre aux parties, mises en ébullition, leur propriété de transformation, lorsqu'on les redescend dans la cuve-matière pour la seconde trempe préparatoire.

Si l'on ne donne que deux trempes préparatoires, la masse de la seconde devra être élevée à la température de 52° à 57° C.

Si, au contraire, l'opération se fait avec trois trempes préparatoires, la seconde sera portée à 43°, 48° C., et la troisième à 57°, 62° C.

De cette façon, chaque fois que le moût, après l'ébullition en chaudière, est versé dans la cuve-matière, les degrés de température permettent toujours à la diastase d'exercer sa puissance saccharifère sur les parties d'amidon non transformées.

Le vaguage, tout en aidant l'action de la diastase sur les matières saccharines, facilite la dissolution du sucre et de la gomme dextrine déjà obtenus.

Le travail à trois trempes préparatoires (*Guide prat.*, p. 37), dans la fabrication à malt (moût) trouble, est celui que l'on doit préférer, surtout l'hiver, attendu qu'il donne à la diastase tout le temps nécessaire pour l'épuisement du grain. Il est donc facile de comprendre combien ce travail, plus lent, plus rationnel, rendant une plus grande quantité de matières sucrées, facilitant de tous points les opérations, l'emporte sur le travail à malt (moût) clair, et pourquoi je lui donne la préférence.

Ceux qui, avec la plus grande attention, auront voulu suivre le travail à malt clair (*Guide prat.*, p. 30), celui à malt intermédiaire (*Guide prat.*, p. 35), enfin celui à malt trouble (*Guide prat.*, p. 39) et comparer ces différentes méthodes, comprendront l'exactitude de mes théories, en reconnaîtront l'importance et ne tarderont pas à donner la préférence au système que je préconise, c'est-à-dire au travail à malt (moût) trouble.

Est-ce à dire, par là, que je condamne absolument la fabrication à malt (moût) clair? Loin de moi une telle pensée! Mais je tiens à faire comprendre, au brasseur, tous les beaux avantages du premier, le succès qu'il en peut obtenir, en faisant opérer lentement et à des degrés progressivement élevés, l'action de la diastase sur l'amidon qu'elle convertit, dans toutes ses parties, en sucre et en gomme dextrine, ce que le travail à malt clair fait trop rapidement et moins bien.

Une preuve encore de l'excellence de ce beau travail, c'est la rapidité avec laquelle se prononce le *tranché* en chaudière. On est convaincu par là qu'il n'y a plus que peu ou point de parties d'amidon restées insolubles, et que les coagulations albumineuses, obtenues par l'ébullition des trempes préparatoires, sont restées en cuve-matière sur la drèche, à travers laquelle a filtré la trempe définitive.

Le brasseur pourra observer la différence qui existe entre les deux genres de fabrication (malt clair et malt trouble) par l'état différent dans lequel se trouvent les matières albumineuses *(glaire d'œuf du malt)*.

Dans le travail à malt clair, la première trempe, après son repos en cuve-matière, filtre à travers la drèche, pour être remontée en chaudière.

On remarquera combien ce bouillon est épais, j'allais dire visqueux : cela tient à ce que la coagulation, n'ayant pas eu lieu, les matières glaireuses s'écoulent en même temps, mais lentement et souvent difficilement, malgré les dispositions particulières du faux-fond percé de trous beaucoup plus grands que ceux employés pour le malt trouble.

Il est évident que, si les trous étaient plus petits, la matière visqueuse non-seulement ne pourrait pas s'écouler, mais elle obstruerait le passage et empêcherait l'écoulement du liquide.

La surface de la drèche se recouvre d'une matière gluante faisant obstacle au passage du moût qui ne s'écoule jamais entièrement de la cuve. Il serait imprudent, pour la fabrication, d'écarter ces matières, afin de faciliter l'écoulement de la trempe.

Dans le travail à malt trouble, il en est tout autrement.

Ainsi, après la trempe définitive (la première que l'on remonte *claire* en chaudière), trois quarts d'heure de repos suffisent pour permettre au bouillon de se clarifier et de filtrer facilement et avec rapidité à travers la drèche et les faux-fonds, malgré l'exiguité des trous dont ils sont percés.

Ce résultat est dû aux cuissons des trempes préparatoires.

Par l'ébullition d'une partie des métiers, en chaudière, les matières albumineuses se coagulent et se séparent facilement du moût, pendant le repos de la trempe définitive, et surtout au moment du passage à travers la drèche.

Après l'écoulement du liquide, la surface de la masse, en cuve-matière, présente seulement des coagulations incapables de s'opposer à l'écoulement du liquide : aussi la drèche se trouve entièrement à sec. Il suffit d'écarter, avec une pelle, les parties albumineuses, pour donner la trempe de repassage.

Plus loin, nous verrons, en parlant des fermentations, l'influence que les divers modes de fabrication ont sur elles.

Contrairement à une croyance, trop longtemps admise, c'est surtout en été et dans les pays chauds, que cette méthode est préférable, permettant un travail prompt et facile.

Je dois appeler ici l'attention des brasseurs sur un travail particulier qui se fait en *Bavière* pour la clarification en chaudière. Ce moyen est aussi simple qu'utile au but que l'on veut atteindre.

Il consiste en un *extrait de moût de malt froid* que l'on réunit, en chaudière, à la masse, lorsqu'elle y est complétement remontée.

Voici comment ceci se pratique :

Que le travail se fasse à malt clair ou à malt trouble, on extrait de la salade, faite à froid, une certaine quantité de liquide, environ dix litres par hectolitre, soit deux hectolitres pour une chaudière en contenant vingt.

Il faut avoir soin, jusqu'à l'emploi, de conserver cet extrait dans des fûts ou dans des cuves couvertes, bien propres, placés dans un endroit frais, afin de l'empêcher de tourner à l'aigre.

Lorsque le moût est remonté en chaudière, *et avant de procéder au houblonnage,* on verse dans la chaudière cette partie de bouillon de salade qu'on avait d'abord mise de côté.

Parmi les parties principales composant cet extrait fait à froid, (l'albumine, la diastase, la gomme, solubles dans l'eau froide), l'albumine a particulièrement la propriété de se coaguler à la chaleur, et, en se coagulant, d'envelopper toutes les parties fines qui troublent la masse; d'où éclaircissement et épuration complète du moût.

Ce procédé, comme on le voit, est très-simple et très-facile; aussi n'a-t-il pas tardé à s'étendre en Bavière. Il a en outre l'avantage de donner à la bière ce goût de malt si agréable et si recherché, qui, pendant longtemps, a fait la réputation des bières d'*Augsbourg*, dont le cachet particulier n'avait pas d'autre cause.

Un certain nombre de brasseurs auxquels, dans mes voyages, je communiquais ce moyen de clarification en chaudière, me faisaient observer que l'administration des contributions indirectes pourrait soulever des difficultés, en considérant comme réserves ou décharges partielles, cet extrait de la salade.

Ces difficultés ne sont pas à craindre, attendu qu'il n'y a pas contradiction avec le règlement des 35 p. 100 accordés en compensation de l'abandon des réserves.

Cet extrait n'a aucune analogie avec les réserves de métiers, puisqu'il ne contient rien de ce qui les constitue. En effet, les réserves sont formées d'une partie des trempes faites à chaud et mises de côté pour alimenter plus tard la chaudière, au fur et à mesure de l'ébullition.

L'extrait de salade, au contraire, se fait à froid, est versé en chaudière, à la réunion des trempes, non pour alimenter la chaudière, mais pour aider à la coagulation des matières troubles en suspension dans le moût.

Je ne vois rien dans la loi qui puisse s'opposer à ce travail; tout au plus l'art. 8 de celle de 1822 pourrait-il exiger que cet extrait fût versé dans la chaudière avant le commencement de la fabrication de la petite bière.

Que ceux donc qui veulent entreprendre ce mode de travail, n'hésitent pas à le faire, car il n'est pas à croire que l'administration des contributions indirectes puisse enlever un moyen si favorable à une bonne fabrication.

Je dois signaler une omission dans le *Guide pratique*, relativement à la contenance que doit avoir la cuve-matière dans la fabrication à malt trouble. *Cette contenance doit être triple de celle de la chaudière.*

Dans le travail à *malt trouble*, les faux-fonds doivent être percés de trous nombreux et petits, parce que le moût déjà dégagé d'une partie des matières épaisses, par les cuissons successives, est plus facile à filtrer.

Il n'en est pas de même dans la fabrication à *malt clair*, où le moût reste plus épais ; il est donc mieux que les trous de ces faux-fonds soient un peu plus grands pour que l'écoulement se fasse aussi promptement que possible. Ce qui rend plus épaisses les trempes à malt clair, c'est que les métiers n'ont pas subi d'ébullition, et que la coagulation des matières albumineuses n'a pu se faire encore. Or, ces matières, mélangées au bouillon, l'épaississent, et rendent difficile son filtrage à travers la drèche.

Le plus souvent on se sert de faux-fonds plats en tôle ordinaire, au nombre de un, deux, trois, et même quatre, suivant la grandeur de la cuve-matière.

La galvanisation des faux-fonds, aussi bien que celle des bacs rafraîchissoirs, me paraît inutile, attendu que les matières sucrées et gommeuses, qui se trouvent dans les liquides, ont bientôt formé, sur ces objets, une espèce de vernis s'opposant à l'oxydation, en observant de ne procéder au nettoyage que lorsqu'on doit s'en servir de nouveau.

Bien que j'aie dit plus haut que, dans la fabrication à *malt trouble*, la cuve-matière doive avoir une contenance triple de celle de la chaudière, il est cependant possible de faire ce travail avec une cuve ordinaire, n'ayant qu'à peu près le double de cette contenance.

Mais alors il faut modifier la quantité d'eau à employer pour la salade, que l'on fait comme pour la fabrication à malt clair.

D'un autre côté, il ne faut remplir la chaudière qu'aux deux tiers environ.

Après avoir amené l'eau à l'ébullition, on en abaisse la température à 75°, 80° C. On en laisse couler à peu près la huitième partie dans la cuve-matière, jusqu'à ce que la masse soit montée à 38° C. Pendant ce temps il a été vagué vigoureusement durant un quart d'heure.

Aussitôt le moût trouble est remonté en chaudière en quantité égale à l'eau que l'on en avait fait descendre pour la trempe. Ces métiers sont mis en ébullition, et vingt minutes après on donne la deuxième trempe préparatoire, comme s'est donnée la première, de façon à laisser arriver la masse à 57°, 58° C.

Après un nouveau vaguage, une partie de la masse est de nouveau montée en chaudière pour y recevoir trois quarts d'heure d'ébullition. La chaudière alors est entièrement vidée dans la cuve-matière, où les métiers doivent atteindre la température de 72° à 78° C. On les laisse reposer pendant une heure, puis on les remonte clairs en chaudière.

Pendant ce repos, la chaudière supplémentaire, remplie d'eau, est mise en ébullition. C'est cette eau qui vient compenser celle qui n'a pu être mise dans la salade. Elle est versée bouillante dans la cuve-matière, où le reste du travail s'opère, comme il a été dit pour la seconde trempe du brassage à malt clair *(Guide prat.*, p. 32).

CHAPITRE IV.

HOUBLONNAGE.

Le houblonnage fait en deux fois (*Guide prat.*, p. 46) est le plus convenable.

La première moitié du houblon, ai-je dit, doit être mise en chaudière après la réunion des trempes, afin d'obtenir, par une forte décoction, tout le tannin qu'elle contient, nécessaire à la conservation de la bière.

La seconde moitié, qui ne doit à la bière que son parfum, n'a besoin de subir qu'une simple infusion et d'être mise en chaudière dix minutes ou un quart d'heure avant de vider la bière sur le bac.

Je connais des brasseurs, et des mieux réputés, qui ne mettent même pas en chaudière cette seconde moitié du houblon, afin que l'infusion soit réellement une infusion.

Pour cela, ils se servent de deux petits bacs ou bassins en métal, placés *l'un dans l'autre* et disposés de façon à laisser entre eux cinq centimètres d'intervalle. Le bac intérieur est suspendu au bac extérieur par de petits crochets, ou bien isolé par des supports fixés à sa partie inférieure.

Le houblon se met dans le bac intérieur qui est percé de trous nombreux.

Le bouillon venant de la chaudière pénètre entre les deux bassins par une ouverture à robinet placée au bas du premier, passe à travers les trous du second, immerge le houblon et s'échappe sur les bacs par une ouverture pratiquée à la partie supérieure du bassin extérieur.

La grandeur de ces bacs doit être proportionnée à la quantité de houblon employée pour le second houblonnage. On peut, au lieu de bacs en fer, employer des bacs en bois, et même, pour le bac intérieur, se servir d'un panier.

Leur position doit être telle que l'écoulement de la chaudière à travers le houblon et du houblon sur le bac rafraîchissoir soit facile.

Il est nécessaire aussi de placer à l'intérieur de la chaudière, à l'orifice du robinet, un obstacle suffisant, qui permette de laisser passer le liquide, tout en faisant obstacle à la sortie du houblon mis en chaudière.

J'ai dit et je répète que cette méthode d'infuser la moitié du houblon employé pour la fabrication, est, pour le brassin, d'un avantage réel et favorable pour obtenir de bonnes bières bien aromatisées.

Si j'osais me permettre une comparaison, je comparerais cette infusion du houblon à celle du thé.

Cette plante aussi n'a besoin que d'être infusée pour donner une boisson suave, douce et agréable, qualités qui se perdent bientôt si on la laisse séjourner trop longtemps dans l'eau bouillante; la liqueur alors devient âcre, sèche, et contracte un mauvais goût de foin.

La bière aromatisée, je veux dire houblonnée, comme je l'ai

indiqué plus haut, aura aussi une saveur fraîche, agréable à la bouche, et développera ce parfum délicieux, si recherché par les consommateurs.

Les bières, au contraire, dans lesquelles le houblon est mis en une seule fois, au moment de la réunion des trempes, ne contiennent que de l'amertume sans parfum.

Un mauvais goût très-prononcé se fait sentir dans les bières que l'on fait refroidir sur le houblon aux bacs rafraîchissoirs.

La qualité du houblon employé a aussi son influence sur la qualité de la bière. La préférence doit toujours être donnée aux meilleurs crûs et aux qualités supérieures; car, outre que le parfum en est plus agréable, la quantité à employer est aussi moins grande. En effet, *200 grammes* de bon houblon de Bohême ou de Bavière suffisent pour un hectolitre de bière ordinaire, et *250 grammes* pour un hectolitre de bière de garde.

Ces chiffres doivent surprendre le brasseur habitué à n'employer que des houblons communs, dont il faut *500 à 600 grammes* pour houblonner un hectolitre de bière; cependant ils sont exacts.

Aussi arrive-t-il souvent que, lorsque voulant améliorer sa fabrication, il se décide à employer des marchandises de qualité supérieure, il ne parvient qu'à faire des bières lentes à se clarifier, trop amères et portant à la tête.

Cela tient à ce que, ne connaissant pas la valeur de ces bonnes qualités, il se croit obligé d'en employer autant que des houblons communs qu'il avait employés jusque-là.

Il est donc nécessaire de se rendre compte de la qualité de la marchandise que l'on emploie, et de régler, en conséquence, la quantité à employer par hectolitre.

Je ferai observer que, quelque minime que paraisse cette quantité de houblon (200 à 300 grammes par hectolitre) à employer, elle est suffisante pour donner à la bière le tannin et l'arôme.

De même que j'ai recommandé au brasseur le bon choix de l'orge, c'est-à-dire d'une orge parfaitement mûre, poussée dans un bon terrain, de même je lui recommande d'apporter tous ses soins dans l'achat des houblons.

Le houblon doit être de bon crû, récolté en temps favorable, bien cueilli, sans tiges et sans feuilles.

Certains crûs, comme il y en a beaucoup en Bohême, donnent des cloches d'une couleur verte persistante ; d'autres, des fleurs d'une nuance jaune d'or, légèrement pourprées à l'extrémité des folioles.

La nuance importe peu; ce qu'il faut avant tout, c'est la richesse de la lupuline et l'arôme particulier du crû.

On devra faire attention cependant que les houblons verts ne soient pas des houblons cueillis avant leur maturité, parce que, outre que l'arôme leur manque, ils donnent à la bière un goût âcre dans lequel on croit reconnaître l'emploi du buis, ce qui les fait délaisser.

FABRICATION CAMBRAISIENNE OU LILLOISE.

Dans un grand nombre de localités du Nord, il est employé une méthode de fabrication dite système *cambraisien* ou *lillois*.

Je n'en ai point parlé dans le *Guide pratique*, ne le connaissant pas suffisamment, lors de la publication de cet ouvrage. Mieux renseigné aujourd'hui, j'ai tenu à combler cette lacune, en donnant les détails pratiques sur ce travail, tel qu'on le fait généralement.

Je ne laisserai pas, cependant, de les faire suivre des propres observations que m'a suggérées ce travail lui-même, et d'autant mieux, qu'il peut donner d'excellents résultats, si l'on éloigne, dès le début de la fabrication, les difficultés apportées par une température trop élevée.

Salade.

L'eau de la chaudière supplémentaire est descendue dans la cuve-matière à 50° C. (40° R.), où, par une addition d'eau froide, elle est ramenée à la température de 32° à 35° C. (26° à 28° R.). Généralement la quantité de l'eau est de deux hectolitres pour cent kilogrammes de malt concassé. La farine y est jetée et l'on vague la salade pendant une demi-heure environ.

Après un repos de quelques minutes, donné à la salade pour laisser retomber la drèche au fond de la cuve, *le bouillon trouble est de suite remonté en chaudière supplémentaire* pour y subir une ébullition préparatoire et se clarifier.

Pendant cette première opération, la chaudière de fabrication, remplie d'eau, est mise en ébullition.

Première Trempe.

Quand le bouillon de la salade est entièrement remonté en chaudière supplémentaire, on verse dans la cuve-matière, sur la drèche, l'eau qui est en ébullition dans la chaudière de fabrication. L'on vague cette trempe pendant une demi-heure, pour lui donner ensuite une heure à cinq quarts d'heure de repos; au bout de ce temps, elle est remontée en chaudière de fabrication où elle est mise en ébullition.

Pendant que cette trempe se donne et qu'elle est remontée en chaudière, le bouillon de salade est mis en ébullition.

Deuxième Trempe.

La cuve-matière, vide de la première trempe, reçoit sur la drèche le *liquide de la salade en ébullition dans la chaudière supplémentaire*. Il est vagué pendant vingt minutes, et, après une heure de repos, cette seconde trempe est remontée claire dans la chaudière de fabrication, où déjà se trouve la première trempe. On active l'ébullition le plus possible.

Le houblonnage et le reste du travail se font comme dans les autres modes de fabrication.

Après avoir exposé la pratique de ce travail, je prendrai la liberté d'y faire quelques objections.

D'abord *la salade :* pourquoi la donner de 32° à 35° C. (26° à 28° R.)? Je ne puis voir dans cette méthode rien que de désavantageux, ainsi que je l'indique au commencement de ce chapitre, et *Guide prat.*, p. 29 et 35.

C'est en effet une chose indispensable, quel que soit le mode de travail, de faire la salade à froid, ou tout au moins à une température inférieure à celle du malt concassé.

Après avoir retiré le bouillon de salade de la cuve-matière pour le remonter en chaudière supplémentaire, et pour l'y faire subir une ébullition préparatoire, donner en pleine ébullition la trempe suivante, c'est, à mon avis, commettre une grave imprudence; tout au plus peut-elle être donnée telle qu'elle est indiquée pour le travail à malt clair (*Guide prat.*, p. 30).

Je ferai remarquer aussi que le bouillon trouble, enlevé de la cuve-matière pour être élevé en chaudière, laisse la drèche presque à sec, de sorte qu'il n'y a plus de mélange de bouillon froid pour atténuer assez longtemps l'excès de la chaleur de l'eau venue de la chaudière. L'eau bouillante, arrivant sur le malt, le saisit, annule en partie l'action de la diastase et fait perdre ainsi les fruits d'un bon travail préparatoire.

Pour la première trempe, l'eau doit être ramenée en chaudière à une température de 80° C. (64° R.), et, à la fin de la trempe, la masse en cuve-matière ne doit pas dépasser 62° à 65° C. (49° à 52° R.).

Que la clarification du bouillon trouble s'obtienne facilement en chaudière, ceci est facile à comprendre. En effet, les parties du malt, solubles dans l'eau froide, et spécialement l'albumine, se coagulent à une haute température et enveloppent les matières troubles en suspension dans le liquide, ce que j'ai déjà expliqué en donnant le moyen de corriger les eaux dures.

Ce travail donnera de beaux avantages, j'en ai la conviction, à celui qui voudra suivre la méthode pratique basée sur les données suivantes :

Salade.

La préparer à froid, mais toujours à une température inférieure à celle du malt. Une température de 14° à 16° C. serait convenable en toute saison.

On mouille la farine avec un peu d'eau d'abord, et, lorsqu'elle est bien et uniformément humectée, on y ajoute, après une heure de repos, trois à quatre hectolitres d'eau par cent kilogrammes de malt que l'on délaye par un vaguage.

Après quelques minutes de repos, on monte en chaudière supplémentaire environ les deux tiers du bouillon trouble pour lui faire subir une ébullition préparatoire. Le tiers resté en cuve-matière est utile pour maintenir, surtout l'été, la drèche dans de bonnes conditions, et pour atténuer la température trop élevée de l'eau dans l'opération suivante.

Première Trempe.

La première trempe doit être donnée de 80° à 85° C. (64° à 68° R.). Mais l'eau doit venir doucement de la chaudière pendant le vaguage, en sorte que, à la fin de l'opération, la masse ait atteint la température de 62° à 65° C. (49° à 52° R.). On couvre alors la cuve.

Après une heure ou cinq quarts d'heure de repos, la trempe est remontée en chaudière. Ce travail doit se faire vivement, afin de ne pas laisser le malt trop longtemps à sec.

Deuxième Trempe.

Elle se donne avec le bouillon de la salade qui se trouve en ébullition dans la chaudière supplémentaire, tout en vaguant promptement pendant un quart d'heure environ.

On laisse reposer la masse en couvrant la cuve comme à la première trempe.

Pour la fabrication de la petite bière, et, en été, pour ne pas donner accès à l'acide lactique, il est utile de ne pas laisser cette trempe trop longtemps dans la cuve. D'ailleurs, le liquide ayant déjà subi une ébullition préparatoire, et le malt une première trempe, la clarification sera prompte, et, au bout de trois quarts d'heure, le bouillon peut venir clair de dessous les faux-fonds.

On doit préférer pour ce travail des faux-fonds en tôle, percés de trous petits mais nombreux, ainsi que je l'ai dit plus haut en parlant du malt trouble.

Je crois opportun de placer ici quelques observations relatives à la tolérance des 35 p. 100 autorisée par circulaire officielle du 9 septembre 1861 (*Guide prat.*, p. 34, 35 et 111, 118).

Il est arrivé que, dans certaines localités du Nord, les employés des contributions indirectes ont fait des difficultés pour autoriser cette tolérance, si importante à une bonne fabrication, et laquelle, cependant, *doit être accordée à tous ceux qui en font la demande.*

Frappé de cette apparence d'illégalité, en voyant refuser ici ce que l'on accorde là, j'ai cru de mon devoir, en passant à Paris, de me renseigner auprès de l'administration générale. Voici ce qui me fut répondu :

« Faites savoir aux brasseurs que, chaque fois qu'ils éprouve-« ront des difficultés de la part de l'administration locale, ils veuil-« lent bien nous envoyer leur demande ; il y sera fait droit immé-« diatement. »

D'où il suit, qu'en s'adressant directement à Paris, à la direction générale des contributions indirectes, il sera facile de surmonter les difficultés qu'on pourrait rencontrer à ce sujet.

Je dois remercier MM. les employés supérieurs de l'administration générale de l'accueil bienveillant qu'ils m'ont fait et de l'empressement qu'ils ont mis à satisfaire à toutes mes questions concernant la brasserie. J'ai la conviction que les justes demandes de MM. les brasseurs ne seront pas moins bien accueillies.

CHAPITRE V.

REFROIDISSEMENT DU MOUT.

Les soins à donner au refroidissement du moût ont aussi une valeur qu'il ne faut pas méconnaître.

De même que, dans les trempes, le travail doit se faire promptement et que le moût doit séjourner peu de temps dans la cuve-matière, afin d'éviter la formation de l'acide lactique, de même la bière, quoique houblonnée, a sur les bacs les mêmes accidents à craindre et demande, par conséquent, les mêmes soins.

Le refroidissement du moût doit donc se faire aussi promptement que possible; car s'il devait rester longtemps sur les bacs, outre l'acide lactique, il y aurait encore à craindre la formation de l'acide putride.

Il est donc nécessaire, je le répète, de hâter, par un prompt refroidissement, l'évaporation de la bière, dans la crainte de mettre plus tard en fermentation une bière atteinte de maladie.

Pour bien refroidir la bière, sans qu'il y ait condensation de la vapeur, il faut que les bacs rafraîchissoirs soient établis à l'air, en dehors de la brasserie (*Guide prat.*, p. 48).

Des bacs renfermés seront toujours la cause de grands inconvénients, même pour les meilleures bières.

Ces bacs, placés à l'air, en dehors de la brasserie, donnent, en effet, à la vapeur la facilité de se dégager librement, et c'est par cette prompte évaporation que s'obtient le refroidissement; elle se fait d'autant mieux que le liquide sur les bacs a moins d'épaisseur.

Refroidir en chaudière, en y laissant séjourner la bière après la cuisson, c'est le pire de tous les moyens; car, outre qu'elle y prend une couleur trop foncée, son contact avec le cuivre et l'air peut former un oxyde nuisible à la santé; on doit donc la faire couler sur les bacs lorsqu'elle est encore en ébullition.

La température du moût, sur des bacs bien aérés, est bientôt descendue à 50° C.; mais l'abaissement au-dessous de 50° C. est plus lent, à mesure que l'on approche du degré de la température ambiante.

Si l'on veut obtenir un refroidissement rapide (ce qui est nécessaire pour la conservation des bonnes qualités de la bière, et ce que la disposition des bacs à l'air ne permet pas toujours), il est indispensable d'avoir recours au refroidissement artificiel par les réfrigérants (*Guide prat.*, p. 49 et suiv.), après avoir, toutefois, laissé la bière se reposer sur les bacs pendant deux à trois heures, afin de lui donner le temps nécessaire pour former son dépôt.

Les bacs en fer ou en tôle sont de beaucoup préférables et supérieurs aux bacs en bois; ils refroidissent plus vite et n'ont pas, comme ceux-ci, l'inconvénient de corrompre quelquefois la bière.

D'un autre côté, il est bon de ne pas les nettoyer immédiatement après s'en être servi; il suffit de le faire au moment où l'on doit, de nouveau, y mettre du moût à refroidir; au contraire, les bacs en bois doivent être soigneusement lavés et nettoyés aussitôt que la bière en est écoulée.

Le dépôt, laissé sur les bacs en fer, forme une espèce de vernis qui isole la bière du contact du fer et l'empêche de contracter le goût de rouille.

Le moût, en effet, a la propriété de s'opposer à l'oxydation des métaux.

La première fois que l'on doit se servir d'un bac en métal, il est bon, avant d'y laisser couler la bière, de l'enduire d'une couche d'huile de lin, mais mieux de goudron liquide.

Le dépôt limoneux, qui se forme sur les bacs, est composé des matières floconneuses d'albumine, coagulées pendant la cuisson; des parties d'amidon non transformées et du tannin du houblon.

Après l'écoulement de la bière, on enlève légèrement du bac ces matières que l'on recueille dans des filtres, pour en laisser écouler le liquide, lequel donne encore d'excellentes parties d'arôme que l'on ne doit pas négliger.

Le refroidissement du moût doit se faire à la température qui convient le mieux au genre de fermentation que l'on pratique; il est même important qu'il se fasse à un degré inférieur à celui du moût mis en fermentation.

Ainsi, la fermentation basse ne pouvant se faire au-dessus de 12° à 14° C., il faut refroidir à 8° ou 9° C. L'hiver, pour cela, donne toutes les facilités; mais il n'en est pas de même au printemps, ni surtout à l'été. C'est alors que les rafraîchissoirs artificiels, entre autres ceux de Baudelot, de Wateau et de Bontemps, trouvent leur application, pour donner un prompt refroidissement.

En parlant de la fermentation, je reviendrai sur cette nécessité d'entonner la bière à une température inférieure à celle de la mise en levure.

Le moût, sur les bacs, doit être clair et avoir un reflet brillant et noir. Si, au contraire, il présente un aspect trouble, jaunâtre, on peut prévoir une bière douteuse, de fermentation difficile, qui restera louche et fera une fermentation ultérieure, même après avoir été collée. Je ferai observer que des bacs placés dans un bon courant d'air, peuvent refroidir à une température plus basse que celle de l'air ambiant.

Je termine, comme j'ai commencé, en recommandant un prompt refroidissement à l'air. Oui, de l'air, de l'air, encore de l'air pour le refroidissement du moût, c'est absolument essentiel, si l'on ne veut perdre le fruit des soins donnés aux opérations antérieures.

CHAPITRE VI.

DE LA LEVURE. DE LA FERMENTATION.

Si nous voulons bien résumer ce que nous avons dit jusqu'ici, nous verrons, dans les chapitres premier et deuxième, que, par la trempe de l'orge et le touraillage, nous avons fait le malt, c'est-à-dire le changement d'une partie des matières *amylacées* (amidon) en gomme dextrine et en sucre; dans le chapitre suivant, que nous avons obtenu, par les trempes et les cuissons, l'achèvement de la formation de la gomme et du sucre et leur dissolution, aussi bien que la coagulation des matières albumineuses. Au chapitre quatrième, nous avons vu quel était le but du houblonnage, et la manière dont le moût doit être refroidi.

Or, jusque-là, toutes ces opérations n'ont pu nous donner encore qu'une liqueur douceâtre et amère, à laquelle il est nécessaire de faire subir une dernière transformation, pour changer une partie de la matière sucrée en *alcool* et nous donner la bière, cette boisson si rafraîchissante et d'une saveur si recherchée.

Cette dernière transformation, qui change le sucre en alcool par le dégagement de l'acide carbonique, s'appelle *fermentation.*

L'alcool formé du sucre, de même que le tannin fourni par le houblon, apporte à la bière une nouvelle force, dont elle a besoin pour acquérir ses éléments essentiels : le gaz carbonique, une longue durée et une transportation plus facile.

Malgré notre vif et ardent désir de renseigner, il nous faudrait, à Fournier et à moi, une bien plus grande science que n'est la nôtre, pour expliquer l'immense travail de la fermentation.

Aussi n'est-ce pas sans une certaine inquiétude que nous abordons ce sujet.

Cependant, comptant sur l'indulgence de nos lecteurs, nous n'hésitons pas à le faire, apportant à ce travail toute l'expérience acquise et toute notre intelligence.

Nous allons donc entreprendre l'explication de ce puissant phénomène (dont le brasseur a la conduite) avec autant de clarté qu'il nous sera possible de le faire.

De la Levure.

Le moût houblonné, descendu des rafraîchissoirs, est mis en cave pour y recevoir le *levain* et y faire sa *fermentation*.

Le *levain*, ou *ferment*, est toujours le produit recueilli d'une fermentation précédente.

Une bonne levure doit avoir une belle couleur blond-foncé, être, au goût, d'une saveur fraîche et agréable, dans laquelle domine le parfum du houblon et celui du malt; enfin, présenter, au toucher, un velouté moëlleux et gras quoique ferme. Pressée, elle présente une cassure sèche, et sa couleur blanchit par un ou plusieurs lavages.

Un moyen de reconnaître encore une levure de bonne qualité, c'est, pressée ou liquide, d'en jeter quelque peu dans l'eau bouillante; dans ce cas, elle présente rapidement, à la surface, le même aspect que la graisse versée chaude dans l'eau fraîche.

En en mettant un peu dans la bouche, elle doit donner une certaine fraîcheur à la langue et développer le bouquet du houblon. C. goût sera d'autant plus flatteur au palais, que la qualité employée aura été meilleure.

Un goût acide dans la levure dénote un commencement de formation d'*acide acétique*, et un goût repoussant, celle de l'*acide lactique*.

Les éléments qui composent la levure sont, croyons-nous :

La *diastase*, ce corps si énergique, dont le rôle a été si puissant dans la saccharification, et qui nous paraît bien devoir être l'agent principal du phénomène de vie qui va se produire dans la fermentation.

Le *gluten*, partie gélatineuse qui tenait agrégées les molécules d'amidon sous l'écorce de l'orge, et qui maintenant forme la base du levain.

Enfin, une partie de *tannin*, d'*huile* et de *parfum* du houblon, aussi bien que de l'arôme du malt.

Elle possède, à un haut degré, la faculté de s'assimiler et de reproduire, dans les fermentations suivantes, tous les goûts, bons ou mauvais, des milieux où elle vit, et les corps viciés qu'elle rencontre pendant la fermentation.

Ainsi, qu'un tonneau renferme un peu d'acide lactique (*Guide prat.*, p. 62, 63), non-seulement la levure provenant de ce fût en contiendra, mais elle communiquera cette matière vicieuse à toute la masse, si on l'y mélange. Bien plus, si, plus tard, elle est employée à mettre un nouveau brassin en fermentation, la bière contractera la maladie du levain. De même, si des matières aromatiques, telles que baies de coriandre, poudre d'iris, etc., ont été jointes à la bière pour lui donner un goût particulier; si l'orge a été fortement touraillée, la levure reproduira le goût des arômes et celui du touraillage.

Il est donc nécessaire de la tenir constamment dans un endroit sain, sec et frais. Avec une telle sensibilité, on comprendra facilement quels soins sont nécessaires pour en assurer la conservation, en la maintenant dans un état de santé parfaite.

Lorsqu'un brassin a jeté sa levure, celle-ci est recueillie, liquide, dans des baquets, de préférence goudronnés, qu'il faut avoir soin de couvrir, afin d'éviter le contact de l'air; un trou est pratiqué au couvercle, pour permettre l'échappement du gaz carbonique. Ces vases sont transportés dans un endroit bien frais. Il est nécessaire de laisser reposer la levure pendant au moins vingt-quatre heures avant de s'en servir pour mettre un nouveau moût en fermentation. Mais, si elle doit être conservée, ou envoyée au loin, il y a absolue nécessité de la débarrasser du liquide qu'elle contient. Pour cela, on la verse dans un sac de toile bien propre que l'on met sous presse; on l'y laisse séjourner jusqu'à ce que tout liquide en soit extrait. Sa cassure alors est sèche et franche. En lui faisant subir un lavage et en la pressant de nouveau, on éloigne les chances immédiates d'acidification.

Quand le levain est enlevé de dessous la presse, il faut le retirer du sac humide qui le contient, le mettre dans un nouveau sac bien sec, et le pendre dans un endroit sain, sec et frais, comme il est dit plus haut.

Ces soins, nous le répétons, doivent toujours être donnés à la levure, lorsqu'il est nécessaire de la conserver plus de trois à quatre jours en été, ou de l'expédier au loin. Il faut surtout la prémunir contre l'accès de l'air qui est l'agent le plus actif de sa décomposition.

Aussi, le brasseur qui reçoit un levain d'un de ses confrères, plus ou moins éloigné de l'endroit qu'il habite, doit-il, à l'arrivée, s'empresser de le remette sous presse, pour en extraire le liquide qui aurait pu s'y former de nouveau, et ne le sortir qu'au moment de l'emploi. A ce moment, il faut le laver, c'est-à-dire, le délayer avec de l'eau froide, dans laquelle il est insoluble. Après un bon lavage, on le laisse en repos durant une heure ou deux, pendant lesquelles il se dépose au fond du vase, après quoi on jette l'eau qui le couvre. Un second lavage peut lui être donné, mais cette fois sans le délayer. Il sera toujours bon de le remettre sous presse pour en extraire le liquide qu'il contient encore. On peut l'employer alors, après l'avoir délayé dans une certaine quantité du moût que l'on doit mettre en levure.

Un levain peut être lavé plusieurs fois sans perdre de ses propriétés; c'est un bon moyen de le tenir à l'abri de l'acidification et de lui assurer une plus longue conservation.

Nous devons dire cependant que ces lavages répétés l'affaiblissent quelque peu; mais il est facile de remédier à cet affaiblissement, c'est d'en employer une quantité un peu plus forte dans le moût à fermenter.

Nous ne répèterons pas ce qui a été dit (*Guide prat.*, p. 56) sur les quantités de levure à employer; elles sont suffisamment indiquées. Nous devons faire observer cependant qu'un kilogramme de levure pressée équivaut à un peu plus du double de son poids en levure liquide, soit deux kilogrammes cinq cents grammes pour un kilogramme.

De la Fermentation.

La mise en levure du moût doit se faire à une température inférieure à celle du lieu d'entonnement, de sorte que, si, au sortir du bac, sa température était plus élevée que celle de la cave à entonner, il faudrait attendre qu'il en ait pris les degrés avant de mettre en levain.

Transformer en alcool une partie du sucre extrait du malt, c'est le but de la fermentation. Nous disons une partie du sucre, parce que la transformation ne doit pas être complète, attendu qu'après la fermentation active, il doit s'en former une autre, continue, que nous appellerons *latente*, laquelle doit continuer lentement la formation du reste du sucre en alcool, et aider à la conservation de la bière jusqu'à complet épuisement de la matière sucrée.

La fermentation subit trois phases bien distinctes.

1° La fermentation *neutre* ou formation et rejet de la *purure;*

2° La fermentation *active* ou transformation du sucre en alcool et rejet de la levure;

3° La fermentation *latente* ou continue, qui achève insensiblement la formation du sucre en alcool.

Chacune de ces phases a sa fonction déterminée, ainsi que nous allons le dire :

1° La *fermentation neutre.* Son but est d'expulser de la masse en fermentation, sous le nom de *purure*, les matières épaisses et toutes les parties albumineuses coagulées en chaudière par l'ébullition, et qui n'ont pu être extraites du moût en passant à travers la drèche en cuve-matière, ni de la chaudière, quoiqu'écumée pendant l'ébullition, et dont une partie s'est précipitée dans les matières limoneuses qui se déposent sur les bacs rafraîchissoirs.

2° La *fermentation active ou de levure.* Nous n'ajouterons rien aux développements que nous en avons donnés plus haut, nous bornant simplement à faire remarquer que c'est dans cette période du travail de la fermentation que se forme la plus grande quantité d'alcool par le dégagement abondant de l'*acide carbonique.*

3° La *fermentation latente* ou continue. C'est celle qui achève dans le liquide, après la fermentation active, le changement des parties sucrées en alcool. Il est nécessaire de la ralentir, autant qu'on le peut, par tous les moyens possibles, attendu que chaque partie de sucre transformée en alcool est autant de perdu pour la conservation de la bière, qui cesse d'exister pour ainsi dire, lorsqu'elle ne peut plus former de gaz carbonique, c'est-à-dire quand la transformation du sucre en alcool est complète.

Les différentes phases de fermentation que nous venons de décrire, se présentent sous deux formes tout à fait différentes que l'on nomme fermentation *haute* et fermentation *basse*.

La *fermentation haute* se produit de deux manières également distinctes, l'une, fermentation *haute en tonneaux*, l'autre, fermentation *haute en cuve*.

La fermentation basse se fait toujours en cuve.

Ayant suffisamment développé (*Guide prat.*, p. 55 à 56 et 59 à 60) ce qui concerne les fermentations, nous nous bornerons à indiquer les causes qui, dans certains cas, font donner la préférence à l'une plutôt qu'à l'autre fermentation ; car l'application de l'un ou de l'autre système de fermentation n'est pas indifférente, elle est liée intimement à la manière dont s'est faite la cuisson du moût, c'est-à-dire qu'elle dépend de la quantité plus ou moins grande de matières coagulables, qui auront été séparées du moût par les modes différents de travail (malt clair ou malt trouble).

Fermentation haute en tonneaux.

Ce genre de fermentation est celui qui convient le mieux à la fabrication à malt clair.

Dans ce travail, en effet, il n'y a pas de cuisson préparatoire; ce n'est qu'à la réunion des trempes, en chaudière, que le moût est mis en pleine ébullition, et que s'opère la coagulation des matières albumineuses. Ces matières restent en chaudière, au moins en partie, alors même que l'on a eu soin d'écumer le liquide; plus tard, elles passent sur les bacs et finalement dans les tonneaux.

La fermentation neutre, avons-nous dit, rejette de la masse les matières troubles et albumineuses; nous voulons dire la *purure*.

Dans le cas présent, il faut, pour expulser ces matières, une dépense de gaz carbonique d'autant plus grande qu'elles sont plus abondantes. Or, la fermentation haute en tonneaux peut seule former la quantité de gaz nécessaire à l'expulsion de la purure, en raison de la température, relativement élevée du moût, au moment de la mise en levain.

Le gaz, parti de tous les points du liquide en fermentation, se réunit au centre supérieur de la masse, pour s'échapper par le trou de bonde, entraînant avec lui toutes les matières produites par la fermentation.

Le même phénomène se reproduit pendant la fermentation active pour le rejet de la levure.

Mais, par suite de ce dégagement excessif de gaz carbonique, nous devons dire que la bière, fermentée par le haut en tonneaux, est d'une moins grande conservation que celle fermentée en cuve. Cela est facile à comprendre : car, comme nous l'avons indiqué précédemment, plus la formation du gaz est abondante, plus il y a de parties sucrées changées en alcool; la fermentation suivante *(fermentation latente)* n'aura plus que bien peu de sucre à transformer. D'où il est facile de conclure que cette fermentation, quoique donnant une bière plus alcoolique, ne permet pas une longue conservation, par suite du grand épuisement qu'elle a eu à subir dès le début.

Malgré cela, nous le répétons, la fermentation haute en tonneaux est celle qui convient le mieux au travail à malt clair.

Fermentation haute en cuve.

La fermentation haute en cuve s'emploie, avec un immense avantage, dans la fermentation des moûts obtenus par le travail à malt *trouble*, à malt *intermédiaire*, et par le travail *lillois* ou *cambraisien*, surtout si, pour ce dernier, on a tenu compte des modifications que nous avons indiquées.

Dans la fabrication à malt clair, nous avons vu que les matières coagulées étaient restées, en partie, en chaudière; il n'en est pas de même pour le travail à malt trouble ou à malt intermédiaire.

En effet, dans ces méthodes, les métiers, ou tout au moins une partie, sont remontés en chaudière pour y subir l'ébullition, pendant laquelle se coagulent les matières coagulables. Ces matières, ramenées dans la cuve à brasser avec le bouillon, restent à la surface de la drèche que celui-ci traverse, après un repos suffisant, pour remonter en chaudière recevoir la cuisson définitive.

Les matières coagulables, après la cuisson, seront d'autant moins abondantes dans la cuve de fermentation, que les cuissons préparatoires auront été plus nombreuses. Tel est le cas du malt trouble, où le moût reçoit, dans le travail des trempes, deux ou trois ébullitions préparatoires, avant la cuisson définitive.

D'où il suit que, les matières à expulser par la fermentation étant moins abondantes, il ne sera pas nécessaire d'une si grande dépense de gaz carbonique pour les chasser; par conséquent, la fermentation devra être moins active, afin d'arrêter le développement du gaz carbonique et, par suite, celui de l'alcool.

Il faut donc conclure, de ce qui précède, qu'ici, comme dans la fermentation haute, le mode de fabrication détermine le mode de fermentation.

La fermentation haute en cuve doit être lente. Il est donc nécessaire de la retarder le plus possible et d'empêcher l'échauffement de la masse.

Ce ralentissement est facile en hiver, la température de l'air suffit; mais il n'en est pas de même en été. Il faut, pour cela, avoir recours à des moyens artificiels.

Nous devons faire observer que l'échauffement se prononce au milieu de la cuve de fermentation et à la surface de la masse, à tel point, que la fermentation se faisant dans une cave marquant 18° C. de température, la masse marquera 23° à 24° C., entre le moment où finit la fermentation neutre et celui où commence la fermentation de la levure. C'est donc au centre et à la surface de la masse qu'il importe surtout d'atténuer cet excès de calorique.

Le meilleur moyen et le plus facile, c'est l'emploi du plongeur que l'on met, rempli d'eau fraîche, au milieu de la masse, en ayant soin de renouveler cette eau chaque deux à trois heures. De cette façon la température se maintient entre 16° et 18° C. sans échauffement.

Par suite de ce refroidissement, on obtiendra une faible dépense de gaz carbonique, une formation moins considérable d'alcool, et il restera, dans le liquide, une plus grande quantité de sucre non transformée, ce qui permettra un travail plus long de la fermentation *latente* et une plus longue conservation de la bière.

Le précieux avantage que donne la fermentation haute en cuve, c'est de pouvoir se faire à des températures assez élevées, tout en donnant à la bière presque le moelleux, le goût et la durée de celle obtenue par la fermentation basse.

Fermentation basse.

Dans la fabrication à malt clair, la coagulation des matières albumineuses n'a pu se faire qu'en chaudière; dans celle à malt intermédiaire, une partie s'est coagulée par une ébullition préparatoire de la première trempe; mais, dans le travail à malt trouble, presque toutes les matières albumineuses ont été coagulées par deux ou trois ébullitions préparatoires et déposées sur la drèche.

Le malt (moût) trouble peut donc recevoir tous les genres de fermentations; mais ce sont les fermentations *en cuve* qui lui conviennent le mieux.

La fermentation neutre, du malt trouble, donne peu de purure, ce qui s'explique facilement par les cuissons successives qu'a reçues le bouillon et qui l'ont débarrassé de la majeure partie des matières albumineuses.

Ce moût, si largement épuré, est le seul auquel convient la fermentation basse (*Guide prat.,* p. 57).

Dans la fermentation basse, le dégagement de l'acide carbonique et la formation de l'alcool sont en rapport avec la marche de la fermentation, c'est-à-dire très-lents.

Pour maintenir la température de la masse à des degrés si bas et ralentir la fermentation, les plongeurs, plus que jamais, sont nécessaires; mais l'eau fraîche ne suffit plus, il faut la remplacer par de la glace.

La fermentation basse, étant froide et lente, ne permet le changement que d'une petite quantité de sucre en gaz carbonique et en alcool, d'où il suit que, quand elle est terminée, les parties sucrées sont encore en grande quantité. Mais le travail de la fermentation latente les transformera peu à peu en alcool et en acide carbonique, et cela lentement, très-lentement, sous l'influence du froid des caves glacières où elles sont conservées.

Comme moyen artificiel d'arrêter l'échauffement du moût en fermentation, on emploie quelquefois des serpentins placés intérieurement autour de la cuve.

L'eau froide circule dans les tuyaux et refroidit le moût, mais seulement aux environs des tubes.

Ce système ne peut donc donner un résultat complet; et, si l'on veut bien se rappeler que le calorique, dégagé par la fermentation, rayonne au centre et à la partie supérieure de la masse, on comprendra combien ce moyen est insuffisant, et qu'il est nécessaire, quand même, d'employer le plongeur. Celui-ci aura toujours la préférence sur le premier, en raison de l'immense sevice qu'il rend, de sa simplicité et de son prix peu élevé.

En terminant ce chapitre sur les fermentations, nous ne devons pas omettre ce qui concerne la *fermentation ultérieure,* que l'on confond souvent, à tort, avec la fermentation latente ou continue.

La fermentation latente est la continuation *paisible* de la fermentation active; c'est elle, ainsi que nous l'avons dit, qui, en continuant la transformation du sucre en gaz carbonique et en alcool, fournit à la bière ses éléments de vie.

La fermentation ultérieure, au contraire, est une fermentation *tumultueuse,* occasionnée par une certaine quantité de matières épaisses, que la fermentation régulière n'a pu expulser, et qui, restées en dissolution dans la bière, y amènent l'échauffement, la décomposent, et produisent la fermentation lactique. Au lieu d'aider à la vie de la bière, elle en hâte la perte, en l'amenant à une prompte corruption.

Nous devons constater que, jusqu'ici, nous n'avons pas eu d'exemple que ce phénomène morbide, c'est-à-dire cette fermentation ultérieure, se soit produit violemment dans les moûts fabriqués à malt trouble.

La même observation peut s'appliquer également aux bières huileuses ou filantes.

Le brasseur doit, dans les caves à bières, se renseigner souvent sur l'état plus ou moins avancé de la fermentation latente, et reconnaître la quantité de sucre que les bières contiennent encore, afin de les livrer à la consommation en temps utile.

Ces renseignements s'obtiennent au moyen d'un appareil créé par *Kaiser,* appelé *aréomètre centésimal,* ou, plus communément, *saccharimètre* ou *pèse-bière.*

Plus loin, nous donnerons la manière de se servir de cet instrument.

Réunion successive et Fermentation simultanée de plusieurs Brassins dans les mêmes cuves.

Nous avons réservé jusqu'ici l'explication d'un travail mixte d'entonnement et de fermentation dans les mêmes cuves. Elle trouve naturellement sa place à la suite des fermentations.

Ce travail, tout en économisant le levain, est très-favorable à la fabrication. Souvent employé dans la fabrication des bières d'hiver et de conserve, il consiste à mélanger, pendant la fermentation, deux ou trois brassins fabriqués à des époques différentes.

Voici comment on procède :

Lorsqu'un premier brassin est terminé et mis en levure, on l'entonne dans trois ou quatre cuves à fermenter, par quantités égales. Le travail de la fermentation commence et on laisse la purure se produire jusqu'à la fin. Le surlendemain de ce premier entonnement, un second brassin a dû être préparé, de façon à pouvoir être divisé dans les cuves, avant, autant que possible, le commencement de la fermentation de levure du premier. Pour mettre en levain le second moût, il est besoin de n'employer qu'un tiers de la quantité ordinaire de levure. Quant au troisième brassin, il doit être commencé le jour même de l'entonnement du second, afin de pouvoir, le lendemain, être réparti dans les cuves, en le réunissant aux deux premiers, mais sans avoir été mis en levain.

Cette méthode indiquée, nous l'expliquons :

Le second brassin a été réuni au premier au moment où finissait la fermentation neutre et où allait commencer la fermentation active. Il n'était donc pas nécessaire d'y mettre la même quantité de levure que dans le premier, en raison de la chaleur produite et du travail déjà donné par le premier moût. Ces deux brassins réunis vont produire un excès de ferment bien suffisant pour le troisième, que, pour cette raison, on fabrique le jour même de l'entonnement du second, et que l'on entonne le lendemain, sans levure.

Ces moûts, successivement descendus dans la masse en fermentation, la troublent nécessairement, mais il n'y a pas à s'en préoccuper, le travail suivra son cours régulier.

Nous croyons inutiles de plus longues explications pour faire comprendre que le premier brassin, déjà en fermentation depuis trois jours, le second, depuis vingt-quatre heures, ont produit assez de levure pour amener la fermentation du troisième.

Les cuves doivent être suffisamment grandes pour que les moûts réunis ne les emplissent qu'aux trois quarts; le vide restant doit servir à maintenir le produit de la fermentation.

Ce travail peut se faire aussi bien avec la fermentation haute en cuves qu'avec la fermentation basse, en ayant bien soin d'observer que le deuxième brassin soit descendu quarante-huit heures après le premier, de façon cependant que cette réunion se fasse, autant que possible, entre la fermentation de purure et celle de levure. Quant au moût du troisième brassin, il doit pouvoir y être joint au bout de vingt-quatre à trente heures.

Quoique cette fermentation puisse se faire avec deux brassins seulement, il est bien préférable de la faire avec trois; la bière acquiert beaucoup plus de finesse.

Il est de toute nécessité que la température des moûts du second et du troisième brassin soit inférieure à celle du premier, au moment de leur réunion, afin d'arrêter le peu de chaleur déjà dégagée par la fermentation, et ralentir cette fermentation même.

CHAPITRE VII.

LE REFERMENT. LES COPEAUX.

Le Referment.

Ce n'est qu'après un certain temps de repos, dans les caves, que la bière est bonne à être livrée au débit.

En effet, aussitôt après la fermentation, la bière est encore un peu douceâtre et amère; les parties, qui la composent, n'ont pas eu le temps nécessaire pour bien se fondre et former un tout homogène; il lui reste même un goût de levure assez prononcé.

Plus tard, par les progrès de la fermentation latente, toutes ces parties sont bien fondues; la bière a un goût uniforme et une saveur agréable, résultant de la combinaison intime du sucre, de la dextrine, de l'alcool, du gaz carbonique, du goût du malt et du parfum du houblon. Elle se trouve alors dans les meilleures conditions pour être livrée à la consommation, même sans referment.

Si l'on tardait trop à la débiter, la fermentation latente, achevant son œuvre de transformation du sucre, la bière arriverait promptement à l'acidité.

C'est donc avant cette dernière période de la fermentation qu'il importe d'employer le *referment*, pour rendre à la bière quelque temps de virilité. Il ne faut pas, nous le répétons, attendre qu'elle soit devenue trop vieille ni trop vineuse; car le referment serait impuissant à lui enlever le goût qu'elle aurait contracté.

Si l'on veut bien se rappeler ce qui a été dit de la fermentation latente et de son action sur les bières, après la fermentation active, on comprendra la nécessité de refermenter la bière (*Guide prat.*, p. 65), et la nouvelle énergie qu'elle reprend s'expliquera facilement.

Le referment n'est pas, comme cela peut le paraître au premier abord, une nouvelle levure que l'on introduit dans le liquide; non, ce n'est pas et ce ne peut pas être de la levure. Il est pris, dans la cuve ou dans les tonneaux, pendant la première phase de fermentation, c'est-à-dire pendant la formation de la purure, alors que, n'ayant que peu ou point d'alcool, nous n'avons encore que du moût sucré, qui ne sera transformé que dans la seconde phase de fermentation ou formation de la levure. La bière à refermenter ne reçoit donc qu'une addition de tous les principes contenus dans le moût et dans la levure, mais où le sucre abonde.

La quantité de referment à employer est basée sur l'état plus ou moins avancé de la bière; de sorte que, plus la fermentation latente aura été active et de longue durée, plus grande sera la quantité de referment ; pour les bières jeunes, au contraire, il n'en faudra que peu.

Le referment ne produit qu'une bien légère fermentation, suffisante, cependant, pour rejeter le peu de purure et de levure contenues dans le liquide.

A partir de cette petite fermentation, que nous n'osons appeler active, recommence la fermentation latente, à laquelle il a été fourni de nouveaux éléments, pour la transformation du sucre en gaz carbonique et en alcool. On tire profit de son action en bondonnant fortement les fûts, afin d'empêcher l'évaporation du gaz carbonique. Quarante-huit heures suffisent à la clarification d'une bière refermentée, laquelle ne peut guère durer plus de huit jours en été, quinze jours en hiver, du moment qu'elle est livrée à la consommation.

Le referment, introduit dans la bière, lui rend la force que lui font perdre les copeaux en la clarifiant; aussi l'emploi simultané du referment et des copeaux donne-t-il les meilleurs résultats.

Le referment s'emploie non-seulement pour les bières faibles, presque épuisées par la fermentation latente, mais encore pour les bières jeunes auxquelles on veut donner une mousse plus abondante. Nous n'avons pas besoin de dire que c'est là le moyen employé, en Allemagne et en Alsace, pour donner à la bière cette belle mousse blanche et crémeuse si appréciée.

Les bières de conserve, maintenues dans des caves très-froides, où, par suite de la basse température, la fermentation latente possède longtemps toute sa vigueur, n'ont point besoin d'être refermentées; il suffit de les bondonner fortement, aussitôt après le soutirage, pour l'expédition. — La différence de température active l'action de la fermentation latente et la formation du gaz carbonique.

L'emploi du referment, cependant, doit avoir lieu, alors que, comme nous l'avons dit précédemment, la bière serait affaiblie.

Les Copeaux.

Lorsque l'on introduisit, en brasserie, les copeaux pour la clarification de la bière, toutes les espèces de bois furent employées indifféremment à leur fabrication. Mais de nombreux inconvénients, tels que la pourriture, avec le mauvais goût qu'elle communique, l'acidification, etc., ne tardèrent pas à se produire. Ce n'est qu'après de nombreux essais et une longue pratique, que le noisetier a été généralement employé, par les brasseurs, pour la clarification de la bière, et spécialement de celle fabriquée à malt trouble; car tout se tient dans la fabrication de la bière.

En effet, dans le travail à malt trouble, nous avons vu le bouillon de la trempe sortir clair de la cuve-matière, se trancher promptement en chaudière ; et si, après la fermentation, la bière reste encore un peu louche, il n'y a point à s'en effrayer, car, dans son passage sur les copeaux, nous allons la voir devenir d'une limpidité parfaite, vive et brillante. Le commencement du travail a préparé cette belle fin.

Il nous serait facile, en retournant notre proposition, de démontrer que la bière, fabriquée à malt clair, ne s'éclaircira que peu ou point sur les copeaux; elle ne peut se clarifier qu'au moyen de la colle de poisson, cette matière si coûteuse et si funeste à la bière qu'elle affaiblit excessivement.

Nous devons dire, pour être vrai, que les copeaux l'affaiblissent aussi, comme tous les clarifiants, du reste; mais ils le font dans des proportions bien inférieures à celles de la colle de poisson. Les copeaux, tout en donnant à la bière une brillante limpidité, la vieillissent et lui procurent le cachet d'une bière fabriquée déjà depuis quelques mois.

Le bois de noisetier, avons-nous dit (*Guide prat.*, p. 68) est le *seul* à employer dans la fabrication des copeaux. Les moyens que nous avons indiqués, pour leur préparation, sont absolument nécessaires. Nous ne rentrerons pas dans les détails de cette fabrication; ils sont suffisamment expliqués.

Le noisetier est léger de lui-même, les copeaux préparés le sont encore davantage; ils restent quelque temps à la surface du liquide, avant de se précipiter au fond, et cela d'autant plus longtemps, qu'ils auront été mieux préparés et séchés. Ils demeurent au fond des fûts dans leur forme primitive, ayant l'apparence de petites lattes (*Guide prat.*, p. 69), à l'opposé des autres espèces de bois qui se recoquillent, se lavent difficilement, se brisent vite, prennent mauvais goût, et amènent rapidement des désastres.

Les copeaux de noisetier durent beaucoup plus longtemps et présentent cet avantage, qu'en vieillissant, ils deviennent meilleurs, affaiblissent moins la bière, en amenant, un peu plus lentement, les résultats que donnent plus vite les copeaux nouveaux; ils *purgent* mieux la bière, par cette lenteur même, du peu de matières troubles qu'elle contient encore.

Nous ne répèterons pas ce qui a été dit (*Guide prat.*, p. 73) sur le nettoyage des copeaux, après un certain temps de service. Nous ajouterons seulement qu'il est bon de les laisser séjourner, pendant un certain temps, dans l'eau qui a servi à les échauder, en ajoutant à cette eau une forte poignée de sel de cuisine. Nous conseillerons encore de les échauder une seconde fois, avant de les passer à l'eau fraîche.

Cette opération doit se faire chaque fois que des copeaux, retirés des fûts, ou y ayant séjourné quelques jours sans liquide, doivent être employés de nouveau. Cette précaution sera encore convenable pour ceux que l'on reçoit du dehors, et nécessaire pour ceux que l'on aura fait sécher au grenier, en attendant un nouvel emploi, quand même ils ne laisseraient paraître aucun mauvais goût.

CHAPITRE VIII.

BIÈRES MALADES. BIÈRES RECUITES.

Nous n'avons rien à ajouter aux renseignements donnés dans le *Guide pratique,* page 74, sur les bières malades ou vicieuses. Les moyens indiqués sont suffisants pour atténuer, autant qu'il est possible, les défauts contractés par la bière.

Quant aux bières recuites, nous n'en parlerons pas d'avantage, la fabrication en étant fort restreinte, et ne se pratiquant, que nous sachions, que pour les expéditions lointaines.

CHAPITRE IX.

SUCCÉDANÉS. AIDES.

Nous ajoutons à cet Ouvrage, complément du *Guide pratique*, un chapitre concernant les succédanés et les aides qui peuvent être employés en brasserie.

SUCCÉDANÉS.

On nomme *succédanés*, des matières à peu près équivalentes aux matières employées en fabrication.

Il n'y a guère que l'orge qui, dans la fabrication de la bière, puisse avoir des succédanés. — Le houblon n'en a pas, et, jusqu'aujourd'hui, aucune composition n'a pu réunir les éléments constitutifs de cette fleur, à savoir : le tannin, l'huile essentielle, la résine, l'arôme, qui donnent à la bière son parfum, en assurent la conservation, et soutiennent le levain. Si la gentiane, le sassafras, etc., ont été quelquefois employés, ce n'est qu'à titre d'essai, sur une petite échelle, et sans aucun succès.

Le prix élevé des céréales peut, dans les années de mauvaises récoltes, obliger le brasseur à recourir à des produits qui peuvent lui donner une fabrication similaire, tout en en ramenant le prix de revient à une valeur à peu près normale.

Les succédanés de l'orge, outre les céréales, sont le sucre brut de cannes, le sucre de betteraves, le sucre de fécule et la fécule sèche.

Nous ne parlerons que de ceux-là, les autres (cassonade, mélasse, etc.) étant trop défavorables à la qualité de la bière pour nous en occuper. Aujourd'hui, d'ailleurs, il en est fait peu d'usage en brasserie.

Sucre de Cannes.

Le sucre de cannes, que nous plaçons en première ligne, est plus qu'un succédané, c'est aussi un aide favorable à la qualité de la bière. Il faut le choisir de toute première qualité : il doit être pur de cannes, bien cristallisé, et avoir une belle couleur blonde, plutôt que blanche. Complétement inodore, il ne communique à la bière aucun goût particulier. Il n'en est pas de même des vergeoises ni des cassonades, qui donnent à la bière un bouquet désagréable.

Mais il importe de se rendre compte des effets qu'il produit, afin d'en régler l'emploi et les quantités à employer.

Un kilogramme de sucre brut est l'équivalent de 7 kilogrammes de malt. On doit donc, dans un brassin, supprimer autant de fois 7 kilogrammes de grain, que l'on veut ajouter de kilogrammes de sucre. Soit un brassin de 20 hectolitres, duquel on veut retrancher 7 kilogrammes d'orge par hectolitre, on aura 140 kilogrammes de malt à remplacer par 20 kilogrammes de sucre.

L'emploi n'en doit pas avoir lieu immédiatement. Il faut d'abord, quelle que soit la quantité de grain retranchée, opérer comme d'habitude. Lorsque la fabrication est sur le point d'être terminée, c'est-à-dire dix à quinze minutes avant de mettre la bière sur les bacs, on jette le sucre dans la chaudière, où il se dissout presque instantanément.

Dans les contrées méridionales, et surtout en été, la suppression d'une certaine quantité de malt en cuve-matière, tout en y conservant la même quantité d'eau pour les trempes, est presque une garantie contre la formation de l'acide lactique.

Le sucre de cannes, qui ne contient qu'une minime quantité de matières non sucrées, ne donne qu'une quantité insignifiante de purure et de levure. Il se transforme, en grande partie, en gaz carbonique et en alcool.

Mais, par cette raison même qu'il ne produit que peu de levure, il est prudent de ne pas l'employer avec excès, si l'on veut conserver son levain, et de ne pas dépasser un kilogramme par hectolitre.

Toutefois, ce sucre n'a pas le désavantage de nuire à la qualité de la levure, ainsi que cela se produit avec les glucoses.

La bière, à la fabrication de laquelle de bon sucre de cannes a été employé, et d'après le mode indiqué ci-dessus, est peu sujette aux fermentations ultérieures; aussi, se maintient-elle plus claire, et fait-elle moins de dépôt en bouteilles; mais elle est moins moëlleuse à la bouche que celle fabriquée exclusivement avec du malt, ce qui fait qu'elle semble mieux faire ressortir les propriétés du houblon.

Il est nécessaire que l'addition du sucre se fasse toujours avant la fermentation; car, employé après, il occasionnerait des désordres, en amenant une fausse fermentation, dont le résultat serait un excès de mousse, sans clarification.

La fermentation doit être, pour le sucre, une espèce de cuisson, qui en assure la purification.

L'emploi du sucre de cannes est d'un secours avantageux pour le brasseur.

Sucre de Betteraves.

Après le sucre de cannes vient le sucre de betteraves. Celui-ci, quoique plus blanc, est moins fin, moins franc de goût que le premier. Cependant, il présente aussi d'excellents avantages, qu'il ne faut pas méconnaître.

On doit le choisir parfaitement cristallisé, pour éviter l'échauffement ; dans cet état, il a perdu, à peu près, le peu de goût qu'il pouvait avoir.

Il s'emploie également, en chaudière, dans les mêmes proportions et de la même manière que le précédent. Nous n'ajouterons donc rien aux détails donnés ci-dessus.

Le sucre de betteraves présente cet avantage, d'être plus à la portée des brasseurs, dans les contrées où se trouvent des fabriques de sucre.

Glucose, ou Sucre de Fécule.

C'est surtout dans les années de disette, alors que l'orge atteint un prix excessif, et les sucres cristallisés un prix relativement élevé, que l'on est obligé d'avoir recours aux glucoses, afin d'obtenir une atténuation des prix de revient dans les produits fabriqués. Ce n'est qu'à la dernière extrémité, que nous recommandons ce sucre ; car, aussi longtemps que sa fabrication, comme pureté, laissera à désirer, aussi longtemps continuerons-nous à ne le recommander qu'avec la plus grande circonspection, et ne nous sera-t-il pas possible de fournir des données certaines et exactes sur son emploi, ainsi que nous venons de le faire pour les sucres cristallisés.

Nous avons l'espoir qu'un jour, de nouveaux procédés de fabrication pourront amener le sucre de fécule à un état suffisamment parfait, pour rendre, aux brasseurs, les services qu'ils pourraient en attendre. Mais, jusqu'ici, la fabrication de la glucose a laissé souvent à désirer, à cause des difficultés nombreuses qu'elle présente. En effet, la qualité des fécules, leur mauvaise préparation, quelquefois l'échauffement de la matière, etc., sont les causes d'un succès douteux. N'est-ce pas déjà, pour les brasseurs, une grande inquiétude que ce doute dans l'achat d'une matière première?

Toutefois, dans les cas où une pressante nécessité obligerait d'avoir recours à ce succédané, nous allons indiquer la manière de l'employer.

On le met aussi en chaudière, mais, au lieu de l'y jeter à la fin du travail, comme il a été dit pour le sucre de cannes, il faut le faire dissoudre dans l'eau de la chaudière, mise en ébullition pour donner la première trempe. La raison en est que, vagué avec la farine du malt, il laisse sur la drèche, en la traversant, une bonne partie des matières nuisibles à la fermentation.

Son rapport avec le malt est de un à trois ou quatre, c'est-à-dire qu'un kilogramme de sucre de fécule remplace, suivant la qualité, trois à quatre kilogrammes de malt.

L'emploi doit en être aussi restreint que possible, attendu que l'excès nuit à la fermentation et à la qualité du levain qu'il affaiblit, et la bière laisse, dans la bouche, une âpreté d'un goût douteux.

Bon nombre de brasseurs ont renoncé à utiliser la glucose, du moment qu'ils ont pu connaître les précieux avantages des sucres cristallisés, et, nommément, du sucre de cannes.

Farine de Fécule sèche.

La farine de fécule sèche ne peut, non plus, s'employer seule en brasserie, mais pour une tout autre raison que celle donnée pour les sucres; c'est que, ne contenant pas de diastase, la transformation de l'amidon en sucre ne peut avoir lieu. Il est donc nécessaire de la joindre à une certaine quantité de malt pour que la saccharification puisse s'opérer.

Nous n'avons pas besoin de rappeler ici que les céréales seules contiennent la diastase et que c'est pour en amener le développement que l'orge est germée et touraillée.

La quantité maximum de fécule à employer dans un brassin, peut être égale, en équivalent, à la quantité de malt. Or, un kilogramme de fécule sèche équivaut à deux kilogrammes de malt; donc la moitié du malt retranché sera remplacée par le quart du poids total en fécule sèche.

Elle s'emploie à la cuve-matière, en la mélangeant avec le malt dont elle subit les manipulations. La salade, dans ce cas, doit se faire plus absolument à froid, et, après lui avoir fait subir un vaguage, on lui laisse un assez long repos, pour donner à la diastase extraite du malt le temps de produire son effet sur la fécule.

Le meilleur système de cuisson du moût est le malt trouble (*Guide prat.*, p. 30) sans plus se préoccuper du mélange.

Les bières, dans lesquelles le quart, le tiers ou la moitié du malt est remplacé par l'équivalent de fécule sèche, n'ont jamais ni la finesse, ni la limpidité, ni la conservation des bières fabriquées à malt pur, malgré les soins les plus minutieux de fabrication qu'elles exigent. Aussi ce moyen n'est-il admissible que pour des cas exceptionnels ou pour des bières de peu de valeur.

Le sucre de cannes d'abord, et ensuite le sucre de betteraves, sont autant les aides que les succédanés de l'orge, et peuvent s'employer toujours sans inconvénients. La glucose et la fécule sèche, au contraire, ne sont que des succédanés dont la valeur est bien loin d'égaler celle du malt, et sont toujours plus nuisibles qu'avantageuses à une bonne fabrication.

Leur influence n'est pas moins funeste à la fermentation, qui, tout en dégageant une grande quantité de gaz carbonique, ne forme cependant que peu d'alcool.

AIDES.

Nous appellerons *aides* toutes les matières qui peuvent faciliter au brasseur son travail.

Nous les diviserons en quatre classes :

1° Aides pour faciliter le tranché en chaudière, en amenant la coagulation et le précipité des matières épaisses;

2° Aides pour conserver les levains et les raviver;

3° Aides pour hâter la clarification des bières fabriquées, lorsqu'un débit assez actif ne permet pas d'attendre la clarification naturelle, ou bien dans le cas de clarification difficile.

4° Enfin, aides pour la coloration de la bière.

1° Les aides pour obtenir le tranché rebelle en chaudière, sont les pieds de veaux, la gélatine et le lichen.

Les pieds de veaux ne sont plus d'un grand usage, et leur emploi tend à disparaître de plus en plus.

La gélatine, plus délaissée encore, est bien peu employée aujourd'hui.

Reste le lichen.

Le lichen (lichen carraghen), dont l'usage est assez général, procure de bons résultats. On l'emploie en très-petite quantité, non pas qu'il soit dangereux pour la santé, mais parce que, si l'on en exagérait la quantité, son influence sur la fermentation serait funeste; en lui donnant une activité qu'il faut toujours éviter avec soin, il en résulterait une transformation trop prompte du sucre en gaz carbonique et en alcool, et, par suite, une courte durée de la bière.

La quantité à employer est de *trois grammes* par hectolitre. On le jette en chaudière, au moment de la réunion des trempes. Ce peu suffit pour faciliter le tranché, sans craindre d'effets fâcheux sur la fermentation.

Une chose à remarquer, et qui nous fait insister, ici encore, sur la fabrication à malt trouble, c'est, qu'avec ce travail, les aides, en chaudière, sont généralement inutiles.

2° Les aides pour la conservation de la levure sont, avant tout, les soins de propreté; mais cela n'est pas toujours suffisant; il est avantageux alors d'avoir recours à une addition de racines ou de graines aromatiques pulvérisées ou concassées; telles sont les racines d'iris, la noix de muscade, les baies de coriandre, etc. On peut les employer isolément ou simultanément, mais avant tout il est mieux, après les avoir pulvérisées ou concassées, suivant leur nature, de les faire macérer pendant douze heures dans l'alcool. C'est cet alcool que l'on mélange à la levure, deux heures environ avant de s'en servir. Ce levain, légèrement aromatisé, ne communique que bien faiblement son parfum à la bière; la majeure partie de l'arôme est reprise par la nouvelle levure, en vertu de ses propriétés essentielles d'assimilation, indiquées précédemment. Le levain lui-même, après quelques brassins, aura perdu ses qualités balsamiques; mais on le régénère de nouveau par les mêmes moyens utiles à sa conservation.

Nous ne répèterons pas combien il est essentiel pour le brasseur d'avoir toujours un bon levain; nous avons suffisamment développé ce sujet en traitant des fermentations.

De tous les principes constitutifs du moût, le sucre est le seul qui soit exclu de la levure. Il est facile de se rendre compte de cette exclusion, par l'action même de la fermentation qui change le sucre en gaz carbonique et en alcool; le peu qui reste dans la levure, si toutefois il en reste, est bientôt transformé. Aussi, pour être plus convaincu qu'il n'en reste aucune trace, conseillons-nous un bon lavage pour dissoudre complétement les parties sucrées. Nous conseillons également un lavage avant l'emploi du levain; par ce moyen on l'épure, on le ravive et l'on maintient sa conservation en détruisant les principes fermentescibles.

On peut augmenter les parties actives d'un levain, en le saupoudrant de sucre fin, une heure avant l'emploi; de cette façon il acquiert une action bien plus puissante.

Après le lavage du levain, aussi bien qu'au moment d'en faire usage, il est nécessaire de le faire passer au tamis pour en écarter les matières épaisses qu'il peut encore contenir. Cette légère manipulation est bien compensée par les résultats; car d'elle dépend quelquefois, nous pouvons même dire souvent, en été, le succès de la fermentation. Nous recommandons spécialement ce soin, dans le cas de fermentation difficile.

Nous croyons devoir être utiles, en faisant connaître les moyens de compléter un levain insuffisant pour la mise en levure d'un brassin, ainsi que la manière de créer un levain de fermentation basse avec un levain de fermentation haute.

Lorsqu'un levain est insuffisant, le moyen d'y remédier est de prendre, suivant le besoin et la quantité de levure à obtenir, cinq à dix litres de moût de la première trempe, si le travail est à malt clair, et de la trempe définitive, si la fabrication est à malt trouble, au moment où l'on remonte le bouillon en chaudière. Ce bouillon est placé dans un baquet sur chantier; on le couvre aussi bien que possible, après y avoir joint 50 grammes de bon houblon. Après quatre à cinq heures de repos, ce moût, suffisamment refroidi, est passé au tamis, sur lequel s'arrêtent toutes les impuretés, aussi bien que le houblon dont on exprime le liquide, de façon cependant à ne pas donner de trouble. Toute la levure dont on peut disposer est mélangée à ce liquide, le travail de la fermentation se produit rapidement, et une nouvelle levure, en quantité suffisante, est bientôt obtenue et peut servir à mettre en levain le brassin qui a fourni le moût.

Dans le cas où l'on manquerait complétement de levain, il suffirait que le moût, traité comme il vient d'être dit, soit mis en fermentation, au moyen de fonds de tonneaux réunis en aussi grande quantité que possible et auxquels on ajoute un peu de sucre en poudre, pour déterminer un commencement de fermentation.

Dans ces deux opérations, il est nécessaire de passer le moût à un tamis très-fin, avant de mettre en fermentation.

Bien que nous ayons dit (*Guide prat.*, p. 52) que le levain de fermentation basse soit différent de celui obtenu par la fermentation haute et que les effets qu'il produit soient essentiellement opposés, nous devons ajouter que, sous l'influence de la température, ces effets peuvent être complétement modifiés, de sorte qu'un levain de fermentation haute puisse être employé pour une fermentation basse.

Si, par exemple, en fermentation haute en cuve, la température du moût peut être maintenue de 8° à 12° C., une partie de la levure retombera au fond de la masse (*Guide prat.,* p. 61). Cette partie, employée pour mettre un nouveau moût en fermentation, amènera une plus grande quantité de levure à tomber au fond de la cuve; et, continuant ainsi pendant quatre à cinq brassins, toujours à basse température, il arrivera, qu'au dernier, toute la levure retombera et sera bonne comme levain de fermentation basse.

3° Les meilleures matières pour aider à la clarification de la bière, après fermentation, sont (outre les copeaux de noisetier) la colle de Russie, la colle en copeaux et la peau de raie. Elles s'emploient généralement pour la clarification des bières fabriquées à malt clair, parce que, dans ce travail, le tranché en chaudière n'a pas été complet, et la clarification laisse toujours à désirer; elle est même quelquefois impossible, c'est lorsque le malt employé est de mauvaise qualité ou mal germé, ou bien encore lorsque le moût sur les bacs a subi l'influence d'un orage.

Pour préparer ces différentes sortes de colles, le meilleur moyen est d'en mettre une certaine quantité, 100 grammes, par exemple, dans deux litres d'eau froide, en y joignant 50 grammes d'acide tartrique en cristaux. Après avoir remué le mélange, pendant environ cinq minutes, on le place, à la cave, dans un endroit frais. Au bout de douze heures, le tout présente une masse épaisse, à laquelle il est ajouté un peu d'eau, pour la rendre plus liquide; elle est passée ensuite au tamis.

Les parties épaisses, qui n'auront pu être tamisées, seront réunies à un peu d'eau et d'acide tartrique, pour en achever la dissolution. Après un nouvel intervalle de douze heures, cette seconde dissolution est passée au tamis, après quoi on la mélange à la première déjà obtenue. Mise en bouteilles bien bouchées, cette colle préparée est placée, à la cave, dans l'endroit le plus sec et le plus frais, pour s'en servir à mesure des besoins.

Pour l'emploi, on en délaie une certaine quantité dans de la bière, que l'on fouette pour obtenir un mélange complet, puis on la divise dans les fûts à clarifier.

La colle s'étend, comme un réseau, à la surface du liquide, qu'elle ne tarde pas à traverser, pour se précipiter au fond, enveloppant et entraînant, avec elle, les matières troubles en suspension dans la bière.

Mais les bières, clarifiées par ce moyen, sont toujours affaiblies, et n'ont que peu de durée. D'un autre côté, elles n'ont jamais la brillante limpidité des bières fabriquées à malt trouble, passées sur copeaux, ou que l'on a laissé vieillir en cave, pour amener une clarification naturelle.

4° Il a été souvent employé, et l'on emploie encore aujourd'hui, dans certaines brasseries, un peu de malt roussi pour colorer la bière; mais ce malt a le désavantage de lui communiquer un goût de brûlé.

On obtient aussi la couleur foncée du liquide, en le laissant en chaudière pendant un certain temps après la cuisson. Ce moyen est pire que le premier, ainsi que nous l'avons fait voir, en parlant du refroidissement du moût.

Aussi a-t-on, pour remplacer ces deux moyens défectueux, cherché un procédé, qui permît d'éviter les inconvénients des premiers, tout en donnant des résultats meilleurs de coloration.

Parmi les moyens indiqués jusqu'à ce jour, il en est deux que nous recommandons spécialement; c'est le *caramel* et la *couleur végétale* : mais nous n'hésitons pas à donner toute notre préférence à ce dernier.

La couleur végétale est aussi un caramel, mais traité d'une manière spéciale. Elle colore la bière sans la troubler, sans lui communiquer de goût, et conserve à la mousse sa parfaite blancheur : nous pouvons dire même, qu'elle aide à la clarification.

La couleur végétale double, que nous indiquons spécialement comme le meilleur colorant, a une puissance considérable de coloration. Un litre suffit pour 20 à 30 hectolitres. Cette quantité n'est pas absolue, elle est relative à la nuance plus ou moins foncée que l'on veut donner à la bière.

Elle s'ajoute au liquide au moment de l'expédition. On la délaie dans un peu de bière que l'on répartit ensuite dans les tonneaux par quantités égales.

Nettoyage des Tonneaux.

Le nettoyage des fûts se fait ordinairement à l'eau bouillante ou à la vapeur d'abord, puis à l'eau froide ensuite. Ce moyen est toujours le meilleur lorsque des tonneaux, non goudronnés, sont en bon état. Lorsqu'ils n'ont qu'un léger goût, une bonne décoction de baies de genièvre, concassées ou non, ou bien un lavage à la chaux, suffit souvent pour le leur enlever. Mais, s'il n'est plus possible de dominer le mauvais goût qu'ils ont contracté, ou bien s'ils contiennent de l'acide lactique, il faut absolument les démonter, douve par douve, pour les nettoyer au vif (*Guide prat.*, p. 63). Le brasseur doit bien se garder de l'emploi des acides, c'est le pire, le plus dangereux et le plus funeste de tous les moyens ; car les acides décomposent le bois des fûts, qu'ils sont obligés de ronger, pour enlever les matières insalubres qui ont pénétré dans les pores, et la bière, introduite dans ces tonneaux, ne tarde pas à se corrompre. Il n'existe aucun corps capable de détruire les funestes effets qu'occasionnent les acides.

Pour éviter ces inconvénients du mauvais goût, le meilleur moyen est toujours le goudronnage, soit à chaud, soit à froid.

Goudronnage des Fûts.

Goudronnage à chaud.

Le goudronnage à chaud se pratique, en faisant fondre, sur un feu de charbon, un mélange composé de moitié poix de Saxe et moitié colophane épurée. Ce mélange, en fondant, tend à s'élever et à se répandre en dehors du vase; il importe de surveiller ce mouvement, qui se produit deux à trois fois, et de l'arrêter en enlevant un instant le vase du feu. Le mélange une fois fondu, il n'y a plus rien à craindre, et la poix subit tranquillement son ébullition.

Nous recommandons le feu de charbon, parce que, ne produisant pas de flamme, il ne peut atteindre ni enflammer la poix.

Pour goudronner les fûts, on les place sur un chantier après avoir enlevé un des fonds, en ayant soin d'observer que le trou de bonde, laissé ouvert, se met en dessus. L'ouvrier, chargé du goudronnage, se met en face du fond ouvert par lequel il introduit, avec une cuillière de métal, la poix en ébullition, et à laquelle il met le feu au moyen d'un fer rouge : elle s'enflamme aussitôt; on la laisse brûler, en la remuant comme on ferait d'un punch, jusqu'à ce que la fumée, qui s'en échappe, soit devenue blanche. A ce moment, elle est suffisamment épurée.

On met alors la bonde en l'appuyant avec la main, le fût est mis debout par terre, et le fond y est vivement replacé ainsi que les cercles pour le maintenir. On couche le tonneau auquel on fait faire deux ou trois tours sur lui-même, en l'agitant, puis on le relève de façon que le fond, qui vient d'être replacé, se trouve en dessous. On enlève la bonde en faisant attention que personne ne se trouve en face ; car l'air de l'intérieur, dilaté par la chaleur, la chasse avec force et un accident pourrait se produire.

Le tonneau est replacé sur chantier, on l'agite encore dans tous les sens pour que la poix s'étende régulièrement à la surface intérieure des douves, et pénètre mieux dans les pores dilatés par la chaleur : enfin, on le pousse à l'extrémité du chantier, le trou de bonde en dessous, pour en faire sortir l'excès de poix, que l'on recueille dans un vase, disposé pour cela, et que l'on réunit à celle qui se trouve sur le feu pour continuer la même opération.

L'orsque l'on a à goudronner des fûts d'une grande contenance, il est prudent, pour prévenir les accidents, d'avoir, à la portée des ouvriers, une forte toile imbibée d'eau, pour la jeter sur la poix brûlante qui pourrait se renverser, ou pour étouffer la flamme dans les tonneaux lorsque le fond ne suffit pas pour le faire.

Les fûts, goudronnés à chaud, doivent avoir une construction spéciale, c'est-à-dire, être faits en bois de chêne fort épais, cerclés en fer, et d'une force suffisante pour résister à une pression de deux à trois atmosphères.

Il est une autre manière de goudronner à chaud les fûts de grande contenance, dans lesquels il est difficile de dominer l'action du feu à cause de la grande quantité de poix employée. Ce système, qui peut également s'appliquer aux petits tonneaux d'expédition, se pratique ainsi :

Les fûts ne sont pas défoncés, mais on doit veiller à ce qu'ils soient parfaitement secs. La poix est portée à l'ébullition comme il vient d'être dit et le feu y est mis dans le vase même qui la contient, jusqu'à ce que la fumée soit devenue blanche; on l'éteint alors avec un couvercle ou un fond de tonneau préparé d'avance. Une quantité suffisante est versée dans les tonneaux placés à terre, le trou de bonde en dessus. On les bondonne aussitôt, afin de pouvoir les rouler vivement et les agiter dans tous les sens, pour répartir également la poix. Cette opération terminée, la bonde est enlevée, et les tonneaux sont placés sur chantiers, le trou de bonde en dessous, pour en laisser écouler l'excès de poix.

Tous les objets dont on a besoin pour le goudronnage à chaud doivent être préparés d'avance, car la plus petite négligence pourrait devenir funeste.

Ces modes de goudronnage, on le comprend, ne peuvent se pratiquer pour les cuves, ni pour les bacs, ni pour les tonneaux de faible construction. C'est ce qui, depuis longtemps déjà, a fait rechercher le *goudron liquide* dont l'application des plus faciles se fait à froid.

Goudronnage à froid.

Il se fait, comme nous venons de le dire, avec un goudron liquide spécial; deux couches au pinceau suffisent. La première se donne avec un mélange de deux tiers goudron et un tiers alcool (esprit de vin), afin de le rendre plus liquide et plus facile à pénétrer dans les pores du bois. Lorsque la première couche est sèche, ce qui a lieu après environ une heure, on procède à la seconde, qui se donne avec le goudron pur.

Il s'emploie aussi bien sur les métaux que sur le bois, et résiste à la chaleur; ce qui permet de nettoyer les objets goudronnés avec de l'eau bouillante et même de la vapeur, et de couler bouillante la bière sur les bacs.

Mais il importe, comme pour toutes les espèces de goudronnage, que les objets à goudronner soient complétement secs. Il les maintient dans un état de propreté parfaite, sans jamais donner de mauvais goût.

Le but du goudronnage est non-seulement de donner la propreté, mais encore de rendre les fûts imperméables à l'air. Bien que le goudronnage à froid donne ce dernier résultat, il le donne d'une façon moins complète que le goudronnage à chaud, qui, pour cela, doit être préféré quand la construction des tonneaux le permet.

CONCLUSION.

Nous ne terminerons pas cet Ouvrage sans le résumer, afin de fixer l'attention du brasseur sur les différentes phases que nous avons suivies dans la fabrication de la bière, et auxquelles lui-même doit s'attacher plus particulièrement. Ce sont :

1° Le développement le plus large possible de la diastase par la trempe du grain et la germination.

2° Le profit à tirer de la puissante énergie de la diastase, afin de former le plus de sucre possible au germoir, à la touraille et dans les trempes.

3° L'éloignement, par les cuissons et le filtrage à travers la drèche, des matières glaireuses (albumineuses).

4° L'empêchement de la formation de l'acide lactique, aussi bien dans la cuve à tremper que sur les bacs rafraîchissoirs et dans les fûts.

5° Les fermentations qu'il faut faire suivant le mode de travail employé pour les cuissons du moût, tenant compte de la température et de l'outillage.

Cet Ouvrage nous a pris beaucoup de travail et de temps ; nous espérons qu'il nous sera tenu compte de nos efforts. Si nous nous sommes appesantis sur ces sujets, avec des détails peut-être trop minutieux, c'est afin de ne rien laisser d'obscur, ni même de douteux, dans l'esprit de nos lecteurs. Puissions-nous avoir réussi ! c'est notre plus grand désir.

CHAPITRE X.

SACCHARIMÈTRE OU PÈSE-BIÈRE. DIVERS.

Pèse-Bière te Thermomètres.

Le saccharimètre est un instrument servant à indiquer la quantité pour cent d'extrait de malt contenu dans le moût des trempes, ou d'extrait de malt et de houblon dans la bière.

Il se compose d'une tige supérieure sur laquelle sont inscrits les degrés indiquant la densité du liquide. A la partie inférieure, est un renflement sur lequel est fixé un thermomètre, dont la cuvette à mercure sert, en même temps, à faire plonger et à maintenir perpendiculairement l'instrument dans le liquide.

Le thermomètre est un complément indispensable. En effet, la chaleur dilate les liquides, les rend plus légers et permet à l'appareil un enfoncement plus considérable ; le contraire a lieu quand le froid se produit.

L'échelle marquée sur la tige supérieure, n'est juste et valable qu'à la température de 14° R. (17° 1/2 C.), c'est-à-dire, que si le thermomètre marque 14° R. (17° 1/2 C.) et l'échelle 8°, la densité du liquide est exactement de 8°. Il n'en est pas de même lorsque le thermomètre accuse des degrés supérieurs ou inférieurs à 14° R. (17° 1/2 C.). Dans le premier, cas, il faut ajouter, et dans le second, retrancher aux degrés de l'échelle de densité. C'est pour cela qu'à côté du thermomètre se trouve une échelle de correction, pour indiquer, suivant la température, les degrés qu'il faut ajouter ou retrancher à ceux qu'indique l'échelle supérieure.

Afin de faciliter les expériences, nous donnons ici deux échelles de correction partant de 14° R. (17° 1/2 C.), indiquant immédiatement les additions ou les soustractions à faire. Leur but est de permettre au brasseur qui n'a à sa disposition qu'un thermomètre et un pèse-bière séparés, de pouvoir arriver, la température étant déterminée, à la connaissance exacte de la densité du moût ou du mélange.

Ces échelles de correction sont divisées en trois colonnes, la première indiquant les degrés Réaumur, la seconde les degrés centigrades, et la troisième les quantités à ajouter ou à retrancher au-dessus ou au-dessous de 14° R. (17° 1/2 C.), suivant que les thermomètres dont on se sert sont Réaumur ou centigrade.

Exemples. — Si le pèse-bière, PLANCHE II., figure 3, descendu dans le liquide, marque 10° à l'échelle de densité, et le thermomètre une température de 26° R. (32° 1/2 C.), en consultant l'échelle n° 1, puisque la température est au-dessus de 14° R. (17° 1/2 C.), on trouve en regard, dans la troisième colonne, le nombre 1. C'est ce nombre qu'il faut ajouter à 10° marqués par le pèse-bière, et le nombre 11° indique la quantité pour cent d'extrait de malt, ou d'extrait de malt et de houblon dans le mélange, soit 11 0/0.

Si, au contraire, PLANCHE II., figure 4., le pèse-bière marque 12° 1/2 et le thermomètre 11° R. (13° 3/4 C.), comme ces degrés sont au-dessous de 14° R. (17° 1/2 C.), il faut prendre l'échelle n° 2. En regard des degrés 11° R. (13° 3/4 C.), se trouve le nombre 1° 1/2 qu'il faut retrancher de 12° 1/2, on obtient également 11°, densité réelle.

N° 1. N° 2.

ÉCHELLE DE CORRECTION
INDIQUANT LES DEGRÉS

A AJOUTER À CEUX DONNÉS PAR L'ÉCHELLE DE DENSITÉ et d'après la température.			A RETRANCHER DE CEUX DONNÉS PAR L'ÉCHELLE DE DENSITÉ et d'après la température.		
THERMOMÈTRES.		PÈSE-BIÈRE.	THERMOMÈTRES.		PÈSE-BIÈRE.
DEGRÉS RÉAUMUR.	DEGRÉS CENTIGRADES.	DEGRÉS A AJOUTER.	DEGRÉS RÉAUMUR.	DEGRÉS CENTIGRADES.	DEGRÉS A RETRANCHER.
14 —	17 1/2	—	14 —	17 1/2	—
17 —	21 1/4	0 1/4	11 —	13 3/4	0 1/4
20 —	25 —	0 1/2	7 —	8 3/4	0 1/2
23 —	28 3/4	0 3/4	3 —	3 3/4	0 3/4
26 —	32 1/2	1 —	0	0	—
28 1/2	35 —	1 1/4	2 —	2 1/2	1 —
31 —	38 3/4	1 1/2	6 1/2	7 1/2	1 1/4
33 1/2	41 1/4	1 3/4	11 —	13 3/4	1 1/2
35 —	43 3/4	2 —	15 1/2	19 1/4	1 3/4
37 —	46 1/4	2 1/4	20 —	25 —	2 —
39 —	48 3/4	2 1/2			
41 —	51 1/4	2 3/4			
43 —	53 3/4	3 —			
44 1/2	55 1/2	3 1/4			
46 —	57 1/2	3 1/2			
47 1/2	59 —	3 3/4			
49 —	61 1/4	4 —			
50 1/4	62 1/2	4 1/4			
51 1/2	64 —	4 1/2			
52 3/4	65 1/2	4 3/4			
54 —	67 1/2	5 —			
55 1/4	69 —	5 1/4			
56 1/2	70 1/2	5 1/2			
57 1/4	71 1/2	5 3/4			
59 —	73 3/4	6 —			

Le pèse-bière et le thermomètre réunis, comme il est décrit plus haut, peuvent se remplacer, pour les mêmes expériences, par un pèse-bière et un petit thermomètre séparés; Planche II., figure 3, 4, 5, mais simultanément employés. On obtiendra les mêmes résultats, qu'avec un appareil composé, si l'on veut tenir compte des différences en plus ou en moins, suivant la température indiquée par les échelles de correction.

Cette facilité, pour le brasseur, de se renseigner, a pour lui une bien grande importance; cela lui permet d'obtenir, à quelques légères différences près, les mêmes résultats de fabrication en employant les mêmes matières.

Ainsi, par exemple, si, avec une certaine quantité de malt employée pour un brassin, on obtient un moût donnant 5° et le mélange du houblon et du moût 9° de densité, on devra, dans les brassins suivants, obtenir des degrés identiques en employant les mêmes quantités des mêmes matières et dans les mêmes conditions de travail. Si la trempe était plus faible, c'est-à-dire si elle n'avait pas 5°, on verrait par là qu'elle n'a pas été assez travaillée et qu'il faut la remanier pour en avoir le complet épuisement. C'est donc un moyen certain d'obtenir toujours un travail régulier et une fabrication suivie.

Le pèse-bière a aussi son utilité après la fermentation, et pendant tout le temps que dure la fermentation latente. Avec cet instrument le brasseur peut, jour par jour pour ainsi dire, suivre les progrès de la fermentation latente, et se fixer sur le moment le plus favorable pour livrer ses produits à la consommation, avec ou sans l'emploi du referment.

Les bières accusent d'autant moins de degrés qu'elles approchent davantage de leur fin. Les bonnes bières, au moment de la mise en vente, pèsent ordinairement 4 à 5 degrés.

Pour faire connaître la différence qui existe entre le travail à malt clair et le travail à malt trouble, le pèse-bière a aussi une grande importance. Il fait voir, en effet, que, dans le travail à malt clair, le bouillon des trempes donne des degrés bien plus élevés au moment où on le monte en chaudière qu'après la cuisson; qu'au contraire, dans le travail à malt trouble, le bouillon de la trempe est relativement plus léger que le bouillon cuit. Cela tient à ce que, dans le premier cas, les trempes chargées de matières albumineuses non encore coagulées, ont une densité plus grande que le liquide débarassé de toutes ces matières après l'ébullition; dans le second cas, les trempes préparatoires, ayant subi deux à trois ébullitions, sont presque complétement purgées de l'albumine, et, par conséquent, plus légères que le bouillon qui se condense par l'évaporation de l'eau.

MATÉRIEL DE BRASSERIE.

CHAUSSURES LELIÈVRE.

Nous n'avons rien à ajouter au matériel de brasserie (*Guide prat.*, p. 77). Nous devons signaler cependant les chaussures, pour germoir, de M. *Lelièvre*, brasseur à Bonny-sur-Loire. Quoique fabriquées en fer, ces chaussures sont légères; elles sont montées sur crampons, ce qui les isole complétement du grain qui, par ce moyen, ne peut plus être écrasé. Elles se fixent facilement et solidement aux pieds du malteur, au moyen de courroies dont elles sont munies.

THERMOMÈTRE.

Nous avons à faire connaître aussi un nouveau thermomètre, représenté Planche II., figure 1, de grandeur naturelle. Nous l'avons fait construire d'une façon toute spéciale pour en assurer la solidité. Il possède une échelle double, Réaumur et centigrade. Le tube à mercure est enfermé dans un autre tube en verre pouvant résister à des chocs assez violents.

GLACIÈRES.

Nous croyions avoir suffisamment indiqué (*Guide prat.*, page 77), la valeur des glacières, dites *américaines*, construites sur le sol et dans lesquelles, disions-nous, la glace se conserve pendant plusieurs années.

Mais, en présence de doutes soulevés par plusieurs brasseurs, nous avons jugé à propos, dans ce nouvel Ouvrage, de rappeler ce moyen si facile de conserver la glace.

C'est bien aussi pour vaincre et dissiper ces doutes que, chaque fois qu'un brasseur nous fait l'honneur de venir nous voir, nous nous faisons un plaisir de lui faire visiter, à Strasbourg, une glacière de ce genre, dont l'aspect extérieur paraît si défectueux, qu'il ne semble pas possible que la glace puisse s'y conserver un instant. Cependant, en y pénétrant, on s'aperçoit bien vite de son erreur, en voyant la masse parfaitement congelée et ne laissant paraître aucun écoulement.

Nous dirons plus, pendant l'année de grandes chaleurs de 1865, la glace emmagasinée dans cette glacière s'y est conservée aussi bien que dans les années ordinaires, tandis que celle des glacières construites en maçonnerie avait disparu dès le mois d'août. Ce fait parle assez haut de lui-même pour qu'il soit nécessaire de nous y appesantir davantage.

Nous devons faire observer cependant que la glace, conservée ainsi, ne peut être utilisée que pour le service de la brasserie, c'est-à-dire pour le refroidissement de l'eau des réfrigérents, des plongeurs, etc., et rafraîchir en été la bière au débit, tandis que, pour le refroidissement des caves, il faut des glacières construites en maçonnerie dans les caves mêmes.

Nous pensons toutefois que, si une glacière américaine pouvait couvrir, en grande partie, la voûte d'une cave, le refroidissement qu'elle produirait donnerait de bons résultats.

ADDITION

AU CODE DES CONTRIBUTIONS INDIRECTES

ET AUX OCTROIS

EN CE QUI CONCERNE LA LÉGISLATION DES BRASSERIES.

(*Guide pratique*, p. 92 et suiv.)

CONTRIBUTIONS INDIRECTES.

Article 23. Le produit des trempes données pour un brassin, devra excéder de 20 p. 100 la contenance de la chaudière déclarée pour la fabrication du brassin. La régie des contributions indirectes est autorisée à régler, en raison des procédés de fabrication et de la durée ou de la violence de l'ébullition, le moment auquel le produit des trempes devra être rentré dans la chaudière.

Observation sur l'article 23. Cet article, perdu dans une loi importante sur la fabrication des liquides, en général, nous avait échappé lors de la publication du *Guide pratique;* nous nous faisons un devoir de le reproduire ici.

OCTROIS.

Observation. L'octroi municipal, en quelques localités, s'est de nouveau cru en droit de demander aux brasseurs le paiement des droits d'octroi sur le *chiffre total* déclaré en *contenance brute* de la chaudière, déduction faite des sorties.

Ces prétentions exagérées sont opposées aux dispositions de *l'ordonnance royale du 9 décembre 1814* et à la *loi du 28 avril 1816.*

La perception des droits d'octroi est basée sur les mêmes principes que celle des droits dus au trésor, et les mêmes registres font foi pour ces deux perceptions; par conséquent la déduction des 20 p. 100 faite sur la contenance brute, en raison de l'article 110 de la loi du 28 avril 1816 (*Guid. prat.*, page 93), pour tenir lieu de tous déchets de fabrication, d'ouillage, de coulage et d'autres accidents, est applicable aussi bien au paiement des droits d'octroi qu'à celui des droits de régie, C'est ainsi, du reste, que cette perception se pratique partout.

Pour mieux faire comprendre la régularité de cette disposition, établissant la même base de perception des droits de régie et d'octroi, nous donnons ici copie des instructions ministérielles au directeur général des contributions indirectes et aux préfets, confirmant l'exactitude de ce mode de perception; nous y joignons quelques extraits plus explicites des articles de l'ordonnance royale du 9 décembre 1814, concernant le mode de perception de l'octroi, chez les brasseurs, que nous n'avions pas développé complétement dans le *Guide pratique.*

Extrait d'une lettre du ministre des finances aux préfets du 30 Prairial an XII.

Les lois qui régissent les communes ont établi, pour les brasseries, un mode de perception qui n'a rien de commun avec celui qui a été fixé par la loi du 5 ventôse, soit pour l'épalement des chaudières, soit pour les déductions à accorder pour ouillage, coulage, etc. Il résulte de cette diversité que le même impôt est perçu, par les mêmes employés, de deux manières différentes; l'une pour l'octroi, l'autre pour la régie des droits réunis. Ce double mode de perception sur le même objet ne peut qu'entraver l'exécution de la loi, et fatiguer inutilement les employés et les redevables.

Il me paraît urgent de faire cesser cette contrariété, et d'ordonner que les droits d'octroi qui se perçoivent, au profit des villes, sur les bières, seront régularisés, et ramenés aux principes consacrés par la loi du 5 ventôse an XII, non pour la quotité du droit, ni pour le crédit, mais pour le mode de perception, et les déductions accordées par cette loi pour ouillage, coulage et autres déchets.

Par une lettre postérieure (*22 brumaire an XIII*), écrite au directeur général des droits réunis, le même ministre, se plaignant du retard apporté, dans quelques départements, à l'exécution des mesures prescrites par sa circulaire du *30 prairial* précédent, faisait remarquer qu'il en était résulté, entre des départements voisins, une disparité dans la quotité du droit, ce qui donnait lieu à des réclamations fondées, et que, d'un autre côté, on n'avait pas atteint le but d'économie qu'on s'était proposé en chargeant les préposés des octrois d'opérer les deux perceptions. — « Je ne puis donc, disait-il, que vous engager à ne plus « différer l'exécution d'une mesure que je regarde comme un des plus précieux « avantages de la réunion, en une seule et même administration, des droits « établis au profit des villes et au profit du gouvernement.

Le même ordre de perception a été maintenu depuis lors avec cette modification seulement que, depuis l'ordonnance royale du 9 décembre 1814, ce sont les employés de la régie qui, en vertu de l'article 91 de cette ordonnance, suivent exclusivement, pour les communes comme pour le trésor, les exercices des brasseries, dans l'intérieur des villes sujettes au droit d'entrée, celles qui renferment une population agglomérée de 4000 âmes et au-dessus.

Extrait de l'ordonnance du roi du 9 décembre 1814, portant règlement sur les octrois municipaux.

Art. 12 et 14. La bière est classée dans le premier chapitre des objets de consommation sur lequel les communes peuvent établir un droit d'octroi.

La base du droit d'octroi est la même que celle du droit de fabrication, après déduction toutefois des quantités exportées de la commune, jetées ou converties en vinaigre, si le vinaigre n'est pas taxé ou, s'il l'est, à un droit différentiel de celui de la bière.

Le droit d'octroi étant assis à la consommation, et non à la fabrication, comme celui du trésor, il peut être accordé décharge des quantités gâtées ou perdues postérieurement à la fabrication.

Art. 91. Les employées des impositions indirectes suivront, dans l'intérêt des communes (en ce qui concerne l'octroi), comme dans celui du trésor (en ce qui concerne le droit de fabrication), les exercices dans l'intérieur du lieu sujet au droit d'entrée, chez les brasseurs.

Art. 69. Les registres employés pour recevoir les déclarations de mise de feu de la part des brasseurs, les registres portatifs tenus pour l'exercice des redevables soumis en même temps au droit d'octroi, et à ceux dus au trésor, seront communs aux deux services.

Observation sur l'article 69. Il ne peut donc pas y avoir de doute pour le mode de perception, et la réduction des 20 p. 100 sur la contenance brute, ce droit du brasseur a été formellement reconnu par l'ordonnance royale du 9 décembre 1814, confirmée par l'article 110 de la loi du 28 avril 1816. Toutes les lois, concernant la brasserie, attribuent d'ailleurs aux employés de la régie *seuls* la vérification et le compte ouvert de la fabrication, aussi bien pour ce qui est de *l'octroi*, que pour ce qui est des *contributions indirectes*.

L'octroi étant basé sur la consommation, les quantités perdues ou gâtées ne sont pas prises en charge, à bien plus forte raison, ne peut-on porter en compte des quantités qui n'ont pas été fabriquées.

EXPLICATION DES PLANCHES.

PLANCHE A.

Vue d'ensemble des chaudières de M. L. ARLEN (Brasserie de l'Éléphant) à Strasbourg.

C'est avec plaisir que nous reproduisons dans cet Ouvrage ce plan de chaudières, parce que celles-ci sont des mieux établies.

Les chaudières sont réunies par un cintre qui sert de base à la cheminée. Au-dessous se trouvent les fourneaux commodément établis. Les registres destinés à la conduite du feu sont disposés verticalement, comme dans les cheminées des machines à vapeur. Les chaînes qui les supportent (pl. B, fig. 1, PP) descendent jusqu'au foyer, de façon que l'ouvrier chargé de la direction de la chaudière peut toujours facilement régler son feu, soit des fourneaux, soit du banc de chaudières.

Les ouvertures pour le nettoyage des carneaux sont disposées, sur le côté latéral des chaudières, en face de la base de la cheminée. Elles sont fermées par des portes en tôle.

La planche suivante donne les différentes coupes linéaires de ces chaudières. Nous les avons fait établir en raison des nombreuses demandes qui nous ont été adressées.

PLANCHE B.

Plans linéaires des chaudières de M. L. ARLEN (Brasserie de l'Éléphant) à Strasbourg.

(Échelle 0,02 cent. par mètre.)

Fig. 1. *Plan d'élévation. Chaudières à fonds convexes.*

G E - D F Distance entre la grille des foyers et le fond des chaudières.

E F Hauteur des robinets.

H I Points où les carneaux débouchent dans la cheminée.

P P Chaînes supportant les registres et destinées à les régler.

X X Ouvertures réservées pour le nettoyage des carneaux et fermées par des briques de champ faciles à enlever.

Fig. 2. *Coupe verticale vue de face.*

X X Ouvertures réservées pour le nettoyage des carneaux.

2m,40 Diamètre de la grande chaudière.

0,80 Hauteur entre la grille du foyer et le fond de la chaudière.

1,20 Distance du sol au foyer.
1,80 Espace réservé entre les deux chaudières pour l'alimentation des fourneaux.
1,80 Diamètre de la petite chaudière.
0,75 Élévation entre la grille du foyer et le fond de la chaudière.
0,70 Largeur du foyer.
0,18 Largeur des carneaux.

Fig. 3. *Coupe verticale vue de côté.*

X X Ouvertures réservées pour le nettoyage des carneaux.
1,50 Profondeur de la grande chaudière, moins les 35 0/0.
0,80 Distance du foyer à la chaudière.
0,50 Élévation de l'entrée du foyer.
1,25 Profondeur de la petite chaudière, moins les 35 0/0.
0,75 Distance du foyer à la chaudière.
0,50 Élévation de l'entrée du foyer.

Fig. 4. *Coupe horizontale du foyer en* G D *de la figure* 1.

1,20 Longueur du foyer jusqu'au centre de la grande chaudière.
0,65 Largeur intérieure du foyer.
0,60 Largeur de l'entrée du foyer.
1,10 Longueur du foyer jusqu'au centre de la petite chaudière.
0,60 Largeur intérieure du foyer.
0,55 Largeur de l'entrée du foyer.

Fig. 5. *Coupe horizontale.*

L N Base des chaudières en G F, fig. 1.
X X Ouvertures des carneaux.

Fig. 6. H I Coupe horizontale au sommet des chaudières, fig. 1.
M O Disposition des foyers sous les chaudières.

PLANCHE C.

Plan d'une des chaudières de la Brasserie de MM. GRELLET frères, à Montpellier,

(Échelle 0,02 cent. par mètre).

Fig. 1. *Plan d'ensemble, élévation. Chaudière à fond concave.*

X Ouverture pour le nettoyage des carneaux.
1,00 Distance du sol au foyer.

Fig. 2. *Coupe verticale de face.*

E F Élévation du cordon de feu.
C D Base de la chaudière.
A C, B D Élévation de la maçonnerie du sol au fond de la chaudière.
0,70 Largeur intérieure du foyer.
0,80 Distance de la grille du foyer au fond de la chaudière.
0,55 Hauteur des carneaux.
1,30 Profondeur de la chaudière, moins les 35 0/0.

Fig. 3. *Coupe verticale de côté.*

H Foyer.
0,45 Hauteur de l'entrée du foyer.
0,80 Distance de la grille du foyer au fond de la chaudière.
0,20 Largeur des carneaux.
1,90 Diamètre de la chaudière.

Fig. 4. *Coupe horizontale du foyer dans les directions* C D, fig. 2, et H I, fig. 3.

0,55 Largeur de l'entrée du foyer.
0,65 Largeur intérieure du foyer.
1,20 Longueur du foyer, de l'entrée au centre de la chaudière.
0,20 Largeur des carneaux.
0,30 Largeur des carneaux à leur entrée dans la cheminée.

Fig. 5. *Coupe horizontale* en E F de la fig. 2.

X X Ouvertures réservées pour le nettoyage des carneaux.
1,90 Diamètre de la chaudière.
0,30 Largeur de l'entrée des carneaux dans la cheminée.

PLANCHE D.

Touraille de la brasserie de M. L. ARLEN, à Strasbourg.

Plan d'ensemble de la touraille (fermé).

Quoique nous ayons donné (*Guide prat.,* page 20), deux plans de touraille, nous avons cru devoir ajouter celui-ci, afin de faire voir les difficultés qu'il a fallu vaincre pour cette construction.

En effet, malgré le peu d'élévation existant entre le sol et la chambre de chaleur, on a pu donner à la cheminée un développement de 8 mètres du foyer au premier plateau. Pour cela, à une hauteur d'environ 50 centimètres au-dessus du point où cesse la cheminée intérieure, on a courbé la cheminée extérieure, en la construisant sur un plan presque horizontal, pour la conduire jusqu'au-dessous de la chambre de chaleur, au centre de laquelle elle pénètre par une nouvelle courbure.

A Prise d'air froid sous le cendrier.
C Cendrier.
B Foyer.
T T Cheminée extérieure servant d'enveloppe à la cheminée du foyer.

E E Partie horizontale de la cheminée, conduisant à la touraille l'air chaud et l'air froid combinés.

G G Mur antérieur de la chambre de chaleur.

J J Cheminée d'appel, construite en planches, placée au-dessus des plateaux. Son but est d'attirer fortement l'air chaud, et de porter au dehors les vapeurs provenant de la dessiccation du grain.

Q Conduit portant, à l'extérieur, l'eau formée par la condensation de la vapeur.

1 Banc de touraille sur lequel se place l'ouvrier chargé de tourner l'orge.

2 Porte de la chambre de chaleur.

4,4 Cordes servant à soulever les panneaux fermant le premier plateau.

6,7 Ouvertures par lesquelles se jette l'orge germée, des greniers sur la touraille.

8 Chapeau couvrant la partie supérieure de la cheminée d'appel, pour empêcher l'entrée de la pluie.

PLANCHE E.

Même touraille que celle de la planche D.

Plan ouvert.

A Prise d'air froid.
C Cendrier.
B Foyer.
T T Cheminée extérieure servant d'enveloppe à la cheminée du foyer.
E E Partie horizontale de la cheminée conduisant à la touraille l'air chaud et l'air froid combinés.
G G Mur antérieur de la chambre de chaleur. Par la porte ouverte s'aperçoit l'extrémité du chien, ou distributeur de l'air chaud.
H H Premier plateau chargé d'orge germée.
I Second plateau également chargé d'orge germée.
J J Cheminée d'appel placée au-dessus des plateaux.
P Q Tuyau de gouttière portant au dehors les eaux provenant de la vapeur condensée dans la cheminée d'appel.

1 Banc de touraille sur lequel se place l'ouvrier chargé de tourner l'orge.

3,3 Panneaux ouverts pendant que l'ouvrier tourne la touraille.

4,4 Cordes pour ouvrir les panneaux, et les maintenir ouverts.

5 Porte du second plateau.

6,7 Ouverture par lesquelles se jette l'orge des greniers sur la touraille.[1]

8 Chapeau couvrant la partie supérieure de la cheminée d'appel, pour empêcher l'entrée de la pluie.

[1] Il faut couvrir la gouttière avec une toile du côté des panneaux d'ouverture, lorsqu'on jette le grain sur la touraille.

PLANCHE F.

Même touraille que celles représentées par les Planches E, D.

Fig. 1. *Plan linéaire* (coupe verticale de côté).

A Prise d'air froid.
C Cendrier.
B Foyer.
T T Cheminée extérieure enveloppant la cheminée du foyer.
R Cheminée intérieure du foyer s'élevant jusqu'en D.
A D Intervalle entre les deux cheminées, par lequel passe l'air froid, qui vient se combiner en D avec le courant de chaleur venant du foyer B et se dirigeant, après leur combinaison, en E E, pour déboucher dans l'appareil F, appelé *chien*, destiné à répartir également le calorique.
G G Mur postérieur de la chambre de chaleur au-dessous du premier plateau.
H Distance qui sépare le premier plateau du second, et forme la chambre de chaleur du second plateau.

I Élévation entre le deuxième plateau et la cheminée d'appel.

J J Cheminée d'appel située au-dessus du second plateau, aspirant la chaleur du foyer et jetant au-dehors en K K les vapeurs produites par la dessication de l'orge.

O O Gouttières placées à la base de la cheminée d'appel pour recevoir l'eau venant de la vapeur condensée et expulsée par le tuyau P Q.

Fig. 2. *Plan horizontal de la gouttière se trouvant à la base de la cheminée d'appel.*

J J Parois en planches de la cheminée.

O O Gouttières fixées à la base de J J pour recevoir l'eau condensée.

P Q Tuyau portant au dehors les eaux reçues par les gouttières O O.

Fig. 3. *Coupe verticale de la double cheminée de la touraille.*

A Cendrier.

a a Petit pilier ou colonnette supportant la pierre b b, b b, sur laquelle est assise la cheminée de feu b R, b R.

C Cendrier.

B Foyer avec sa grille.

c c Petites pièces en fer maintenant l'écartement entre les deux cheminées.

b R Cheminée de feu se terminant en R.

T T Cheminée extérieure enveloppant la cheminée de feu, dont elle est isolée par un intervalle de 25 à 30 centimètres bb, cc, bb, cc. L'air prend sous le cendrier en A, passe de chaque côté et derrière la cheminée de feu bb, bb, cc, cc, pour se réunir en D avec le calorique venant du foyer B, et suivre en E E la cheminée simple jusqu'à la chambre de chaleur.

Fig. 4. *Coupe horizontale de la double cheminée.*

R Mur de la cheminée de feu.
T Cheminée extérieure enveloppant la cheminée de feu.
A Intervalle de 25 à 30 centimètres par lequel circule l'air froid venant du dehors.

NOTA. Les figures 1 et 2 sont à une échelle de 0,02 par mètre, et les figures 3 et 4 à une échelle de 0,04.

PLANCHE G.

Bac rafraichissoir de M. EHRHARD (Brasserie du Pêcheur), à Strasbourg.

Ce bac, entièrement construit en fer, est un des plus beaux que nous connaissions. Il est supporté par d'élégantes colonnes en fonte, reliées entre elles par une légère mais solide armature en fer, sur laquelle repose le bac. D'autres colonnes, fixées à celles du bas, supportent une toiture aussi gracieuse qu'élégante, fort élevée au-dessus du rafraichissoir, et dont le sommet, séparé de la partie principale par une large ouverture, donne à la vapeur un échappement facile

Nous avons cru faire plaisir à nos lecteurs en leur communiquant ce magnifique dessin de bac rafraichissoir.

PLANCHE H.

Instruments de précision employés en brasserie.

(Dessins de grandeur naturelle.)

Fig. 1. Thermomètre Réaumur et Centigrade, pour cuve-matière. Ce thermomètre, construit sur nos indications, est garanti par une enveloppe en verre et par une garniture en bois de façon à en assurer toute la solidité possible.

Fig. 2. Saccharimètre avec son éprouvette. Cet appareil composé (pèse-bière et thermomètre Réaumur) indique la densité du liquide. (Voyez page 79.)

Fig. 3. Pèse-bière et thermomètre de poche séparés. Ils s'emploient comme l'appareil de la figure 2, et donnent les mêmes résultats, indiquant la densité du moût à une température déterminée. (Voyez page 80.)

Fig. 4. Cette figure représente les mêmes instruments de poche employés comme les précédents, mais à une autre température. (Voyez page 80.)

Fig. 5. Les mêmes appareils donnant, à la température de 14° R., la densité de la bière qui est ici de 4 1/2. (Voyez page 80.)

TABLE DES MATIÈRES.

INTRODUCTION.

TABLE DE L'EXPLICATION DES PLANCHES.

FIN.

Planche A.

VUE D'ENSEMBLE DES CHAUDIÈRES

DE Mr LOUIS ARLEN, BRASSERIE DE L'ÉLEPHANT, STRASBOURG.

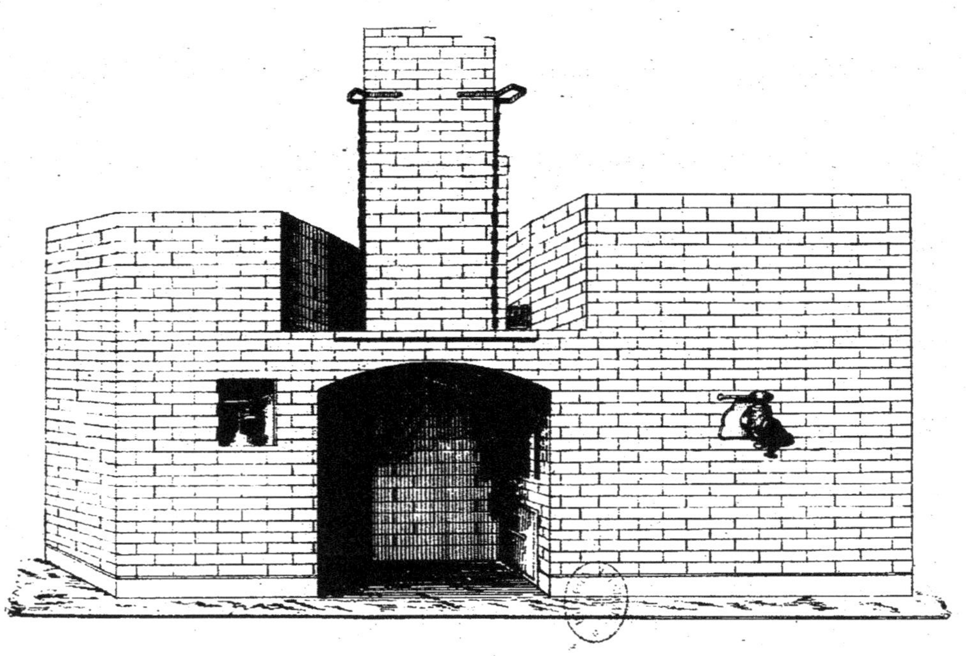

Lith H. Longin Strasbourg

Planche B

PLANS DES CHAUDIERES
DE LA BRASSERIE DE Mr L. ARLEN A STRASBOURG

Chaudières Bombées.

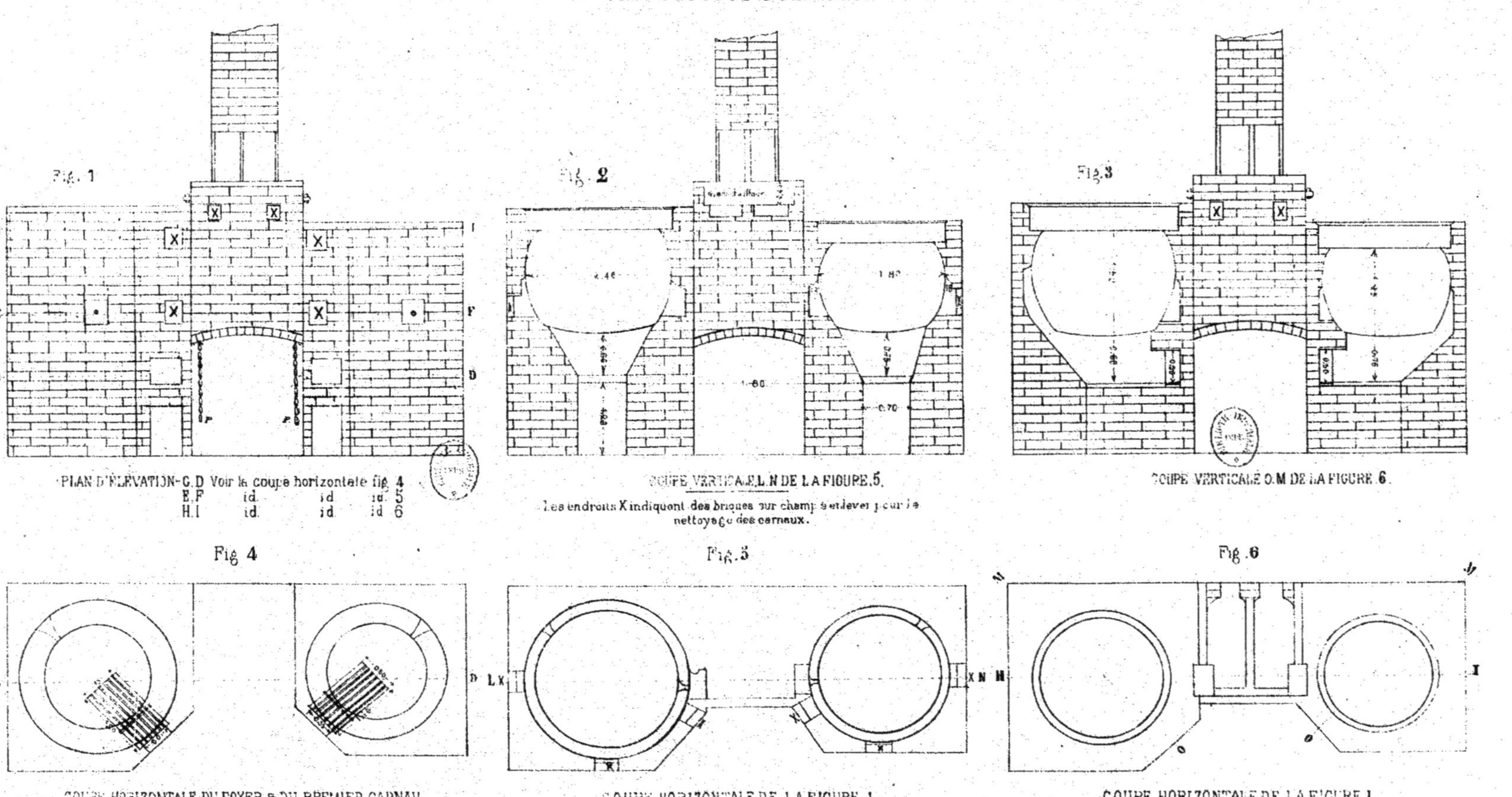

PLAN D'ÉLEVATION-G.D Voir la coupe horizontale fig. 4
E.F id. id. id. 5
H.I id. id. id. 6

COUPE VERTICALE L.N DE LA FIGURE 5.

Les endroits X indiquent des briques sur champ s'enlever pour le nettoyage des carneaux.

COUPE VERTICALE O.M DE LA FIGURE 6.

COUPE HORIZONTALE DU FOYER & DU PREMIER CARNAU en G.D Fig. 1

COUPE HORIZONTALE DE LA FIGURE 1 à hauteur du deuxième carnau.

COUPE HORIZONTALE DE LA FIGURE 1 au sommet des chaudières

Pl. C

AUTRE PLAN DE CHAUDIÈRE

BRASSERIE DE Mrs GRELLET FRÈRES À MONTPELLIER

Chaudière droite.

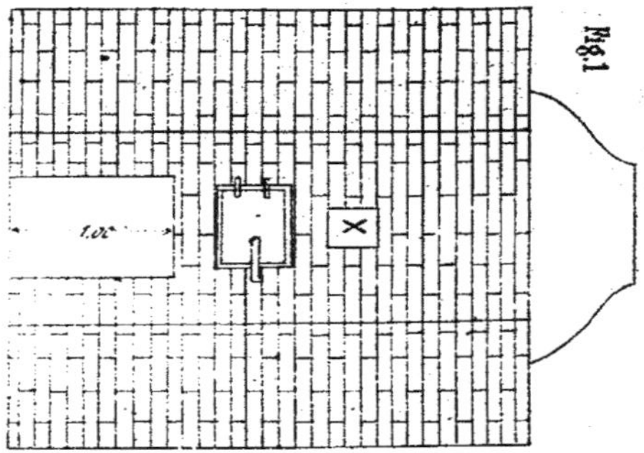

ÉCHELLE

à 2 centimètres par mètre

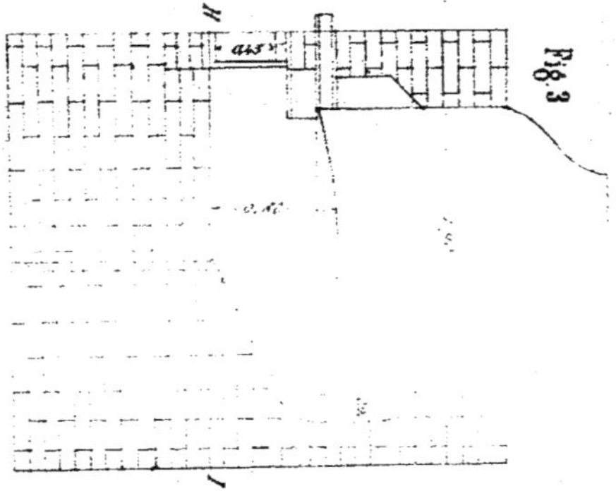

Fig. 3

Coupe verticale au centre laissant voir l'entrée du foyer et le parcours de la flamme jusqu'au cordon de feu

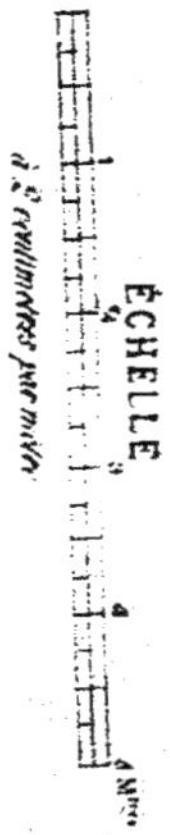

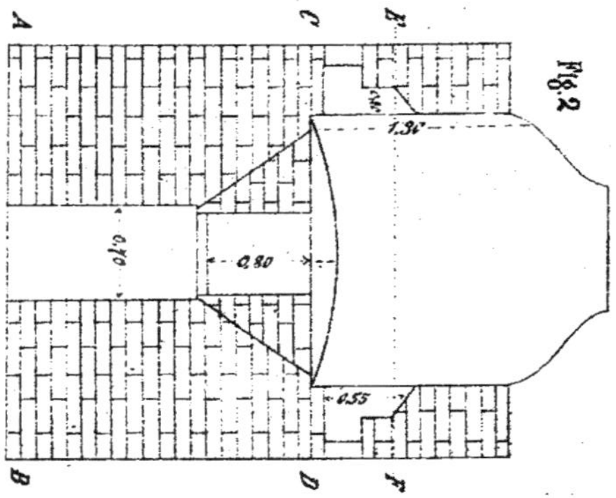

Fig. 1

Plan d'élévation de la chaudière montée et maçonnée

X Brique de champ à enlever pour les ramonages.

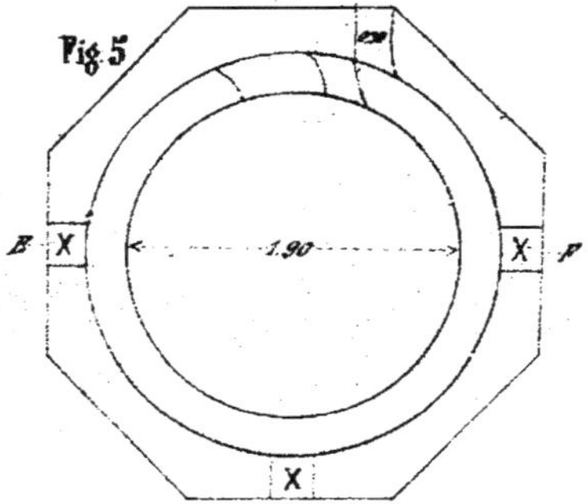

Fig. 5

Coupe horizontale suivant E-F de la fig. 2

X Trois espaces réservés pour les ramonages.

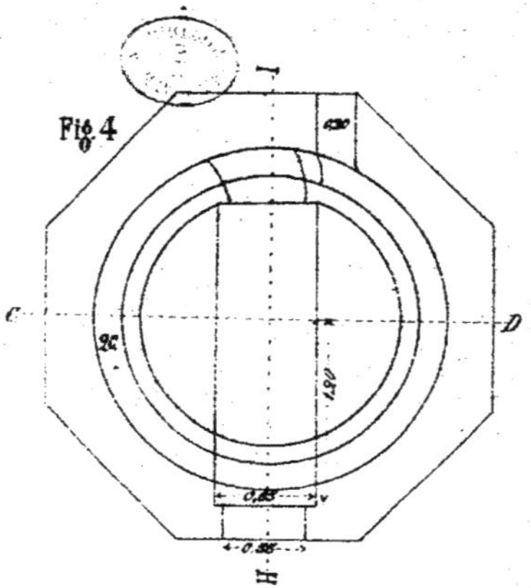

Fig. 4

Coupe horizontale suivant C-D fig. 2 (foyer)

Coupe ...id... suivant H-I fig. 3 (foyer)

Fig. 2

Coupe verticale Face du foyer.

TOURAILLE

DE LA BRASSERIE DE Mr LOUIS ARLEN À STRASBOURG.

Plan d'ensemble fermé.

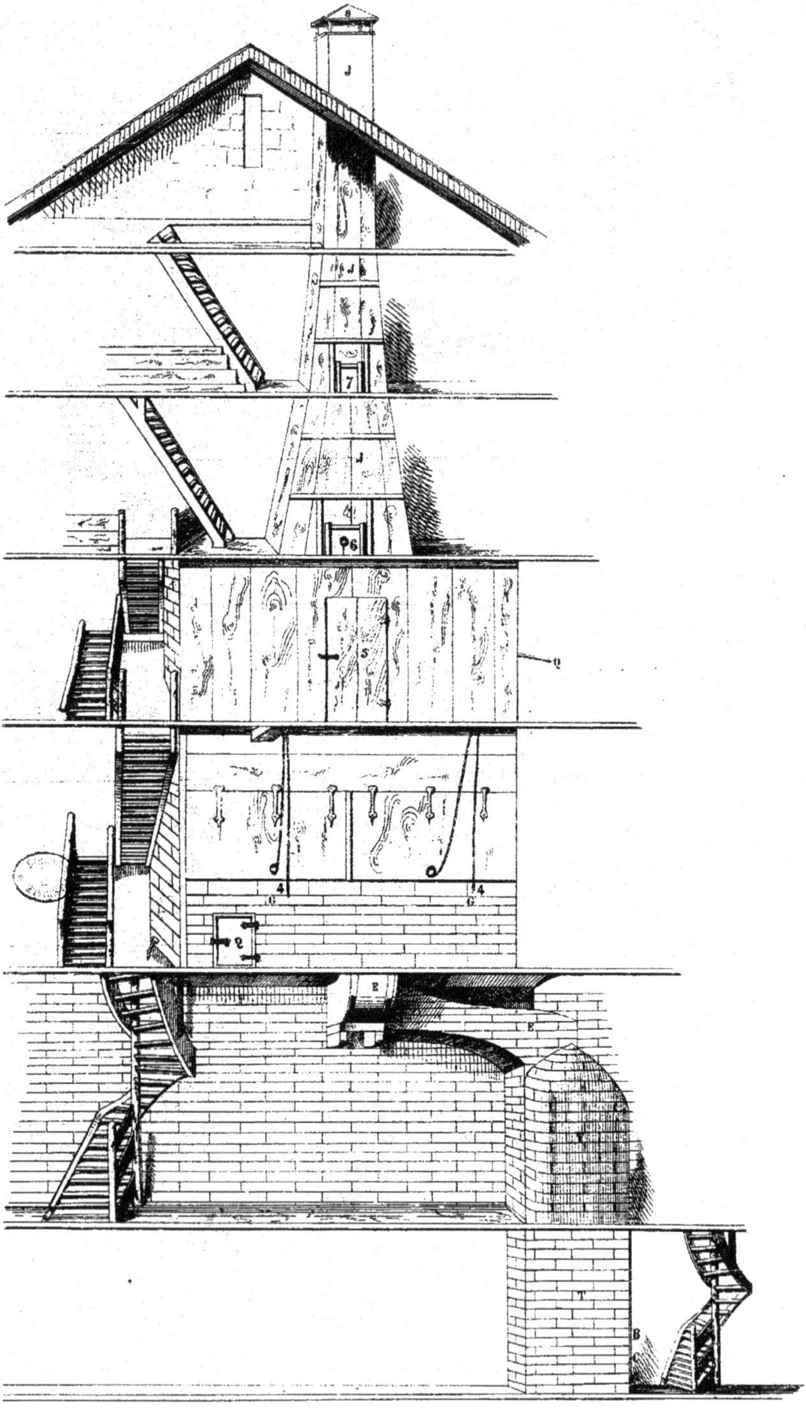

Echelle

1 2 3 4 5

à 2 centimètres par mètre.

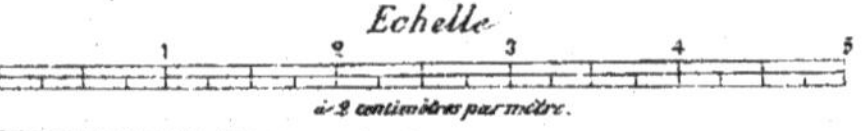

TOURAILLE

DE LA BRASSERIE DE Mr LOUIS ARLEN À STRASBOURG.

Plan d'ensemble ouvert.

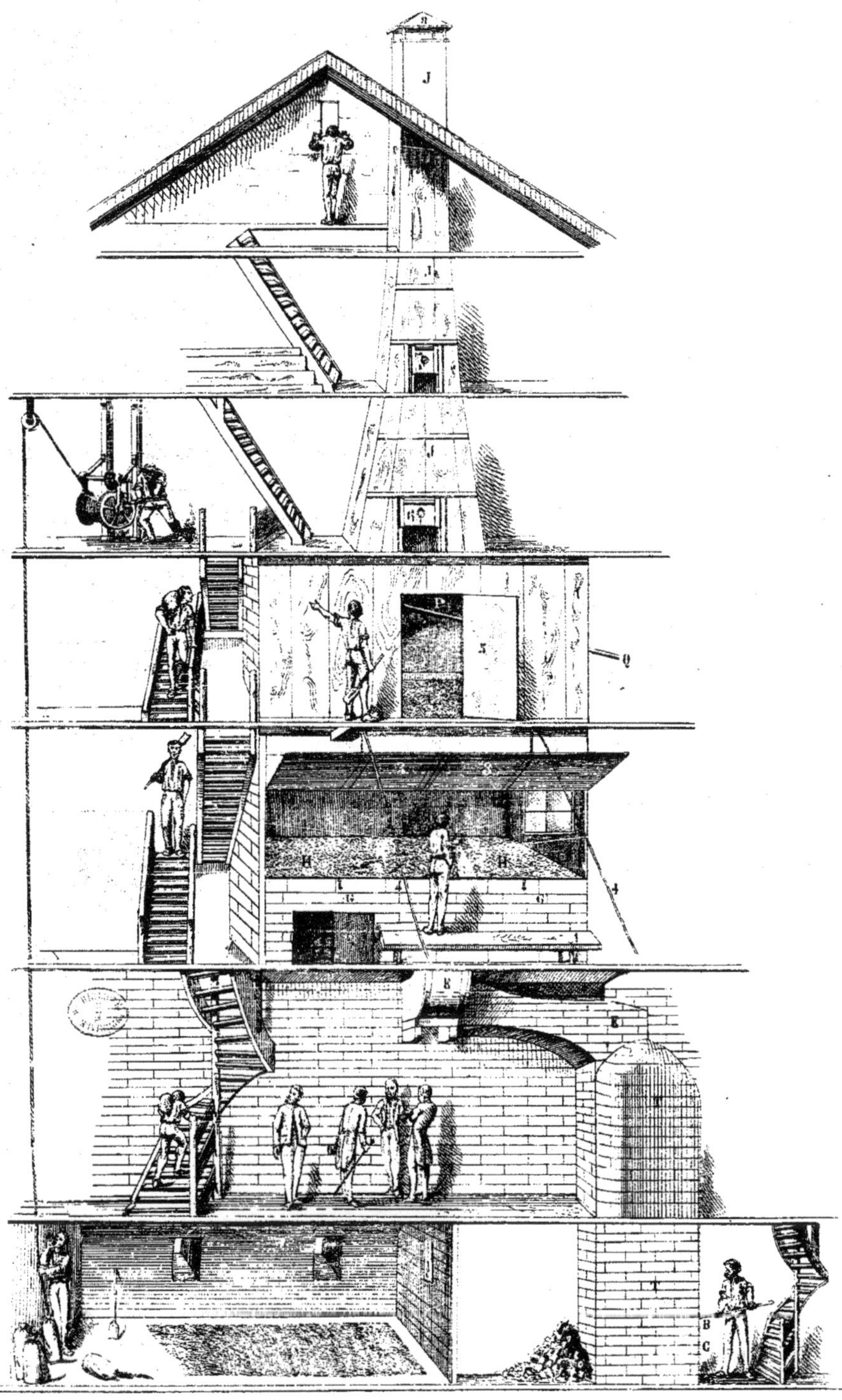

Echelle

1 2 3 4 5

à 2 centimètres par mètre.

PLAN LINÉAIRE DE LA TOURAILLE DE M^r. LOUIS ARLEN

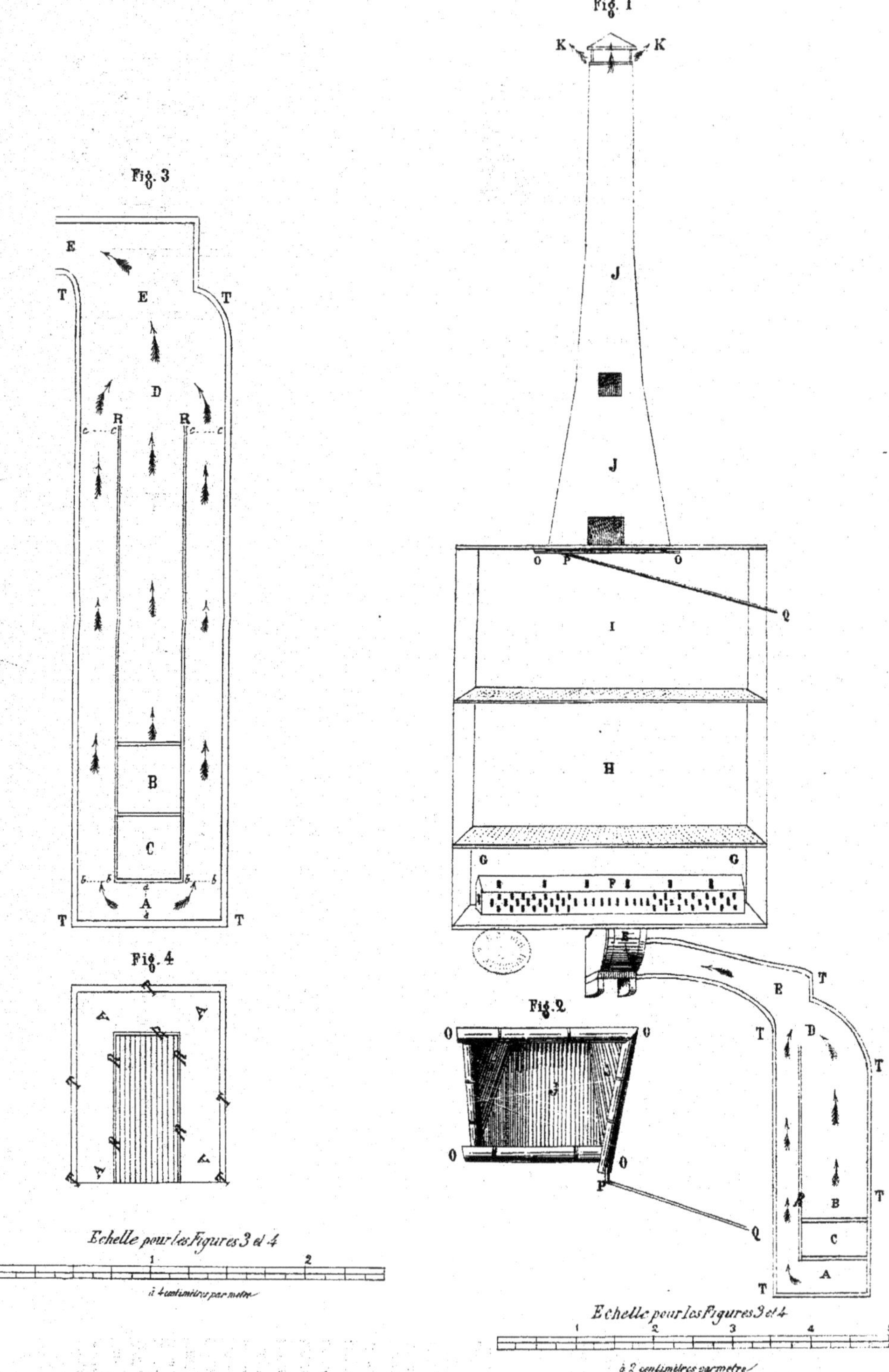

Guide raisonné par J. B. Bauby & A. Fournier

Pl. G.

BAC RAFRAICHISSOIR

DE Mr EHRHARD, BRASSERIE DU PÊCHEUR À STRASBOURG.

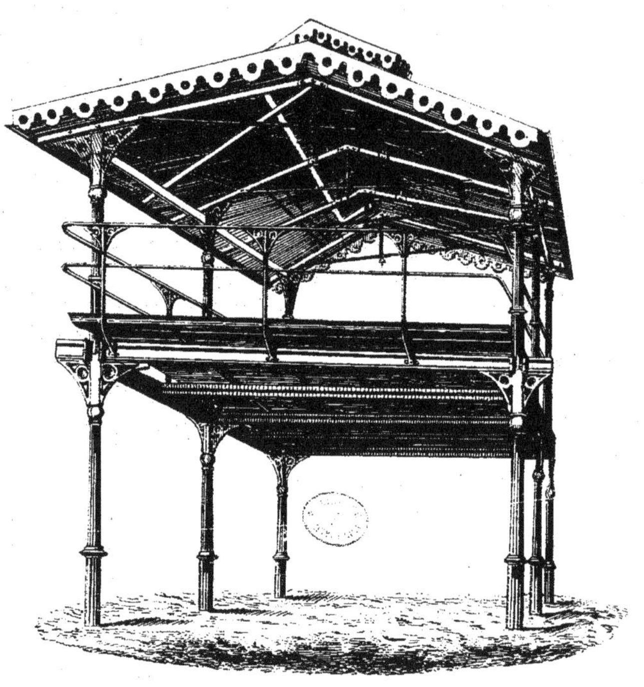

Lith. H. Longfils Strasbourg

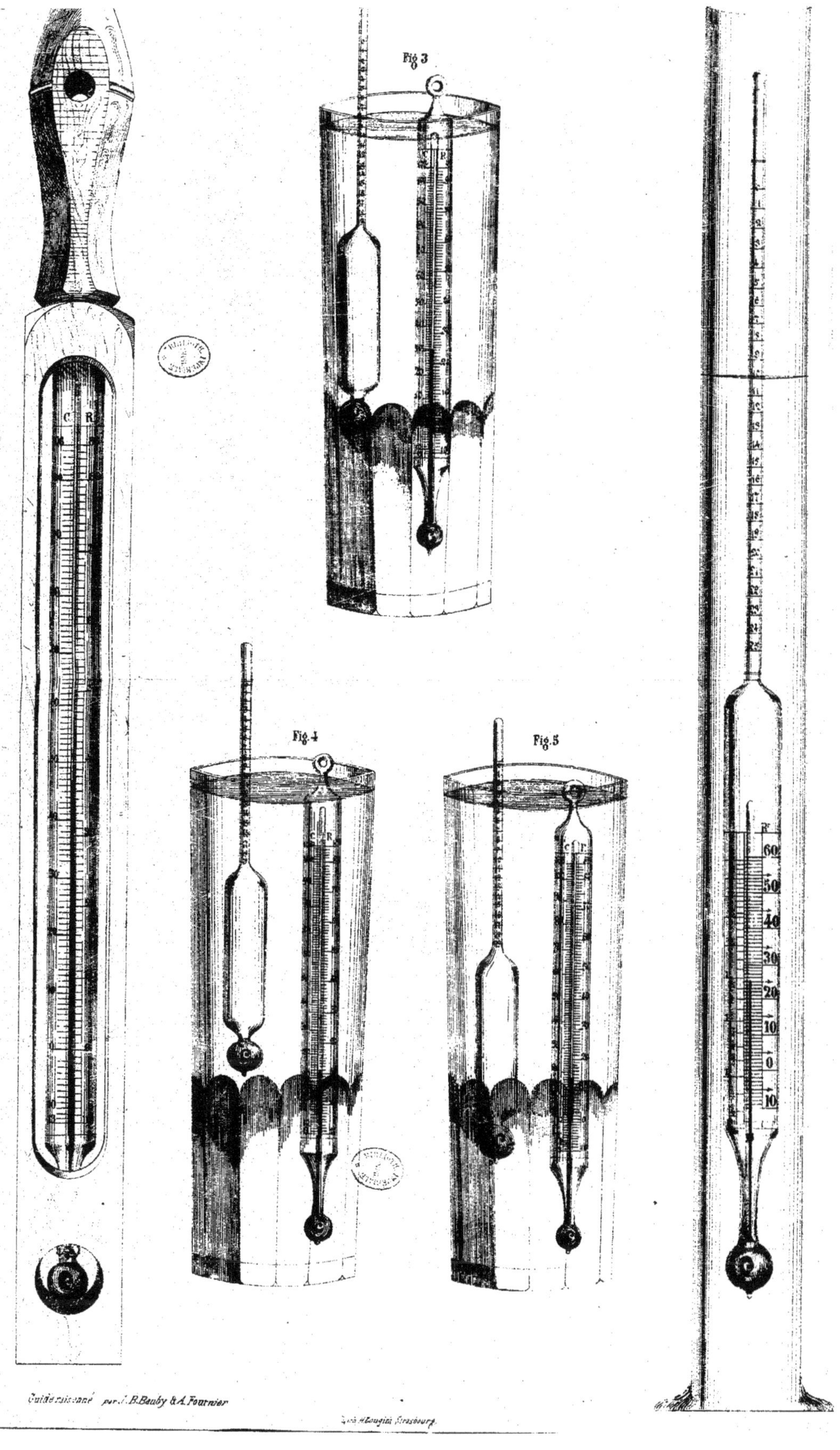

Guide raisonné par J. B. Bauby & A. Fournier

Lith. Lougini Strasbourg

www.ingramcontent.com/pod-product-compliance
Ingram Content Group UK Ltd.
Pitfield, Milton Keynes, MK11 3LW, UK
UKHW021104200726
13857UKWH00003B/1089

9 782012 859944